Digital Farming Frontiers: Delving into Precision Agriculture

डिजिटल कृषि की सीमाएं: सटीक कृषि में गहराई

Kavita Sharma

Copyright © [2023]

Title: Digital Farming Frontiers: Delving into Precision Agriculture
Author's: Kavita Sharma

This book was printed and published by [Publisher's: **Kavita Sharma**] in [2023]

ISBN:

TABLE OF CONTENT

Chapter 1: Seeds of Revolution - Planting the Future of Farming

- The Crossroads of Agriculture: Challenges of traditional farming (climate change, population growth, resource depletion)

- Precision Agriculture Emerges: A transformative approach to optimize yield and sustainability

- Unlocking the Benefits: Increased productivity, reduced costs, environmental protection

- India's Fertile Ground: Why precision agriculture matters for the nation's future

Chapter 2: Tech Takes Root - Tools of the Precision Trade

- Eyes in the Sky: Leveraging remote sensing (satellites, drones, aerial imagery) for data collection

- Mapping the Field: GPS & GIS for field mapping, machine guidance, and data analysis

- Weathering the Storm: Real-time weather data for irrigation and fertilizer optimization

- Software as the Seed: Managing, analyzing data, and making informed decisions

Chapter 3: Data Blossoms - Cultivating Information Wisdom

- Gathering, Storing, and Analyzing Data: Efficient methods for data management

- Connecting the Dots: Integrating diverse data sources (remote sensing, weather, soil testing)

- AI and Machine Learning: Empowering data-driven decision making

- Protecting the Harvest: Data security and privacy considerations

Chapter 4: Nurturing Yield - Precision for Abundant Harvests

- Maximizing Crop Production: Using precision to optimize fertilizer and pesticide application

- Watering Wisdom: Efficient irrigation management for optimal water use

- Sensorial Symphony: Monitoring and managing plant health with advanced sensors

- Tailoring the Approach: Precision strategies for diverse crops and regions

Chapter 5: Soil Secrets - Precision for Sustainable Future   53

Chapter 6: Water Wisdom - Precision for a Thirsty World   63

Chapter 7: Empowering the Farmer - Cultivating a Network of Support 73

TABLE OF CONTENT

अध्याय 3: डेटा का खिलना - सूचना ज्ञान की खेती

- डेटा का संग्रह, भंडारण और विश्लेषण: डेटा प्रबंधन के कुशल तरीके
- बिंदुओं को जोड़ना: विभिन्न डेटा स्रोतों का एकीकरण (रिमोट सेंसिंग, मौसम, मिट्टी परीक्षण)
- एआई और मशीन लर्निंग: डेटा-चालित निर्णय लेने को सशक्त बनाना
- फसल की रक्षा: डेटा सुरक्षा और गोपनीयता के मुद्दे

अध्याय 4: पोषण का पालन - प्रचुर फसल के लिए सटीकता

- फसल उत्पादन को अधिकतम करना: उर्वरक और कीटनाशक के अनुप्रयोग को अनुकूलित करने के लिए सटीकता का उपयोग
- सिंचाई ज्ञान: इष्टतम जल उपयोग के लिए कुशल सिंचाई प्रबंधन
- संवेदी सिम्फनी: उन्नत सेंसर के साथ पौधों के स्वास्थ्य की निगरानी और प्रबंधन
- दृष्टिकोण का अनुरूपण: विभिन्न फसलों और क्षेत्रों के लिए सटीक रणनीतियां

अध्याय 5: मिट्टी के रहस्य - टिकाऊ भविष्य के लिए सटीकता

- पृथ्वी का कायाकल्प: मिट्टी के स्वास्थ्य को सुधारने के लिए सटीक तकनीकों का उपयोग (कवर फसल, कम जुताई, लक्षित उर्वरक)
- कार्बन अनुक्रमण को बढ़ावा देना: आने वाली पीढ़ियों के लिए उपजाऊ मिट्टी का निर्माण
- क्षरण का मुकाबला: मिट्टी के संरक्षण के लिए सटीक रणनीतियां
- एक विरासत बनाना: दीर्घकालिक समृद्धि के लिए टिकाऊ कृषि प्रणालियों का निर्माण

अध्याय 6: जल ज्ञान - प्यासी दुनिया के लिए सटीकता

- सिंचाई का आधुनिकीकरण: ड्रिप सिंचाई, स्प्रिंकलर और स्मार्ट सिस्टम अपनाना
- मौसम-संवेदनशील सिंचाई: वास्तविक समय के मौसम डेटा के आधार पर सिंचाई को अनुकूलित करना
- सही फसल का चयन: इष्टतम संसाधन उपयोग के लिए जल-कुशल पौधों का चयन
- परिवर्तन के साथ अनुकूलन: जलवायु-लचीले सिंचाई प्रथाओं को अपनाना

अध्याय 7: किसानों का सशक्तिकरण - सहायता का एक नेटवर्क विकसित करना

- किसानों को शिक्षित और प्रशिक्षित करना: सफल अपनाने के लिए ज्ञान और कौशल का निर्माण

- डिजिटल विभाजन को पाटना: तकनीक और सॉफ्टवेयर तक पहुंच का विस्तार

- वित्तीय प्रोत्साहन: अनुदान और सब्सिडी प्रदान करके अपनाने को बढ़ावा देना

- पारिस्थितिकी तंत्र का निर्माण: सटीक कृषि सेवाओं और सहायता का एक नेटवर्क बनाना

Chapter 1: Seeds of Revolution - Planting the Future of Farming

- The Crossroads of Agriculture: Challenges of traditional farming (climate change, population growth, resource depletion)

- Precision Agriculture Emerges: A transformative approach to optimize yield and sustainability

- Unlocking the Benefits: Increased productivity, reduced costs, environmental protection

- India's Fertile Ground: Why precision agriculture matters for the nation's future

Chapter 1: Seeds of Revolution - Planting the Future of Farming

अध्याय 1: क्रांति के बीज - खेती के भविष्य का रोपण

कृषि का चौराहा: परंपरागत खेती की चुनौतियां (जलवायु परिवर्तन, जनसंख्या वृद्धि, संसाधन क्षरण)

दुनिया के इतिहास में कृषि का एक विशेष स्थान रहा है। सदियों से यही वह आधार रहा है जिसने सभ्यताओं को जन्म दिया है, उनका पोषण किया है और उन्हें फलने-फूलने का अवसर दिया है। परंपरागत खेती ने मानव जाति को जीवित रखा है, लेकिन आज यह एक चौराहे पर खड़ी है, जहां कई गंभीर चुनौतियां उसका इंतजार कर रही हैं। ये चुनौतियां इस सवाल को उठाती हैं कि क्या परंपरागत खेती का तरीका भविष्य की खाद्य सुरक्षा की जरूरतों को पूरा कर सकेगा?

इस चौराहे की पहली और सबसे बड़ी चुनौती है जलवायु परिवर्तन का भयानक डंका। बढ़ते तापमान, अनियमित वर्षा, और चरम मौसमी घटनाओं का प्रकोप फसलों की पैदावार को प्रभावित कर रहा है। सूखा पड़ा तो खेत दरारें डाल देते हैं, बाढ़ आई तो फसलें पानी में डूब जाती हैं। जलवायु परिवर्तन के दबाव में परंपरागत खेती के पुराने तरीके बेअसर साबित हो रहे हैं।

दूसरी बड़ी चुनौती है लगातार बढ़ती जनसंख्या। अनुमानों के मुताबिक 2050 तक दुनिया की आबादी 9.7 बिलियन तक पहुंच सकती है। इतनी बड़ी आबादी को खिलाने के लिए परंपरागत खेती पर्याप्त फसल पैदा नहीं कर सकेगी। हमें फसल की पैदावार को बढ़ाने की जरूरत है, लेकिन साथ ही साथ यह भी ध्यान रखना है कि पर्यावरण का संतुलन न बिगड़े।

तीसरी गंभीर चुनौती है संसाधनों का लगातार क्षरण। खेती के लिए जरूरी पानी, मिट्टी की उपजाऊ क्षमता, और पोषक तत्व तेजी से घट रहे हैं। अत्यधिक रासायनिक उर्वरकों और कीटनाशकों के अंधाधुंध इस्तेमाल से मिट्टी की उर्वरता कम हो रही है, जमीन बंजर हो रही है, और जल स्रोत प्रदूषित हो रहे हैं। इस तरह से फसल उत्पादन बढ़ाना एक अस्थायी समाधान है, जो लंबे समय में और ज्यादा समस्याएं खड़ी कर सकता है।

इन चुनौतियों के अलावा, पारंपरिक खेती छोटे और सीमांत किसानों के लिए भी लाभप्रद नहीं हो रही है। बढ़ती लागत, कम फसल कीमत, और बाजार की उतार-चढ़ाव उनके जीवन को असुरक्षित बना रहे हैं। इस चौराहे पर खड़े होकर यह सोचना ज़रूरी है कि क्या इन चुनौतियों का सामना परंपरागत खेती के पारंपरिक तरीकों से किया जा सकता है? क्या हमें अपने कृषि-क्षेत्र में क्रांतिकारी बदलाव लाने की जरूरत है?

इस सवाल का जवाब हां में है। आधुनिक तकनीक का इस्तेमाल करके सटीक कृषि (precision agriculture) का रास्ता अपनाना होगा। सटीक कृषि जमीन, फसल, और मौसम की वास्तविक परिस्थितियों के आधार पर फसल उत्पादन की प्रक्रिया को अनुकूलित करती है। इसमें रिमोट सेंसिंग, ड्रोन तकनीक, जीपीएस, और कृषि सॉफ्टवेयर का इस्तेमाल किया जाता है, जिससे पानी, उर्वरक, और कीटनाशकों का कुशलतम उपयोग किया जा सकता है। इससे न सिर्फ फसल उत्पादन बढ़ता है, बल्कि पर्यावरण का भी बचाव होता है।

इस चौराहे से आगे का रास्ता टिकाऊ कृषि (sustainable agriculture) की ओर जाता है। टिकाऊ कृषि पर्यावरण को ध्यान में रखते हुए फसल उत्पादन को बढ़ावा देती है। इसमें जमीन की उर्वरता बनाए रखने के लिए प्राकृतिक तरीकों (जैसे कम्पोस्ट और जैविक खाद) को अपनाया जाता है, पानी के संरक्षण के लिए ड्रिप सिंचाई जैसे तरीके इस्तेमाल किए जाते हैं

सटीक कृषि का उदयः पैदावार और टिकाऊपन को बेहतर बनाने का क्रांतिकारी दृष्टिकोण

जलवायु परिवर्तन, बढ़ती आबादी, और सीमित संसाधनों के दौर में पारंपरिक कृषि की सीमाएं सामने आ रही हैं। ऐसे में, खेती के क्षितिज पर एक उम्मीद की किरण के रूप में सटीक कृषि का उदय हुआ है। यह एक क्रांतिकारी दृष्टिकोण है जो डेटा और तकनीक की शक्ति का उपयोग करके खेतों को आधुनिकीकृत कर रहा है और फसल उत्पादन को बढ़ाते हुए पर्यावरण के प्रति संवेदनशील भी बन रहा है।

सटीक कृषि यह मानती है कि प्रत्येक खेत, हर फसल, और यहां तक कि हर पौधे की अलग-अलग जरूरतें होती हैं। पारंपरिक खेती की तरह एक ही आकार-फिट-सभी दृष्टिकोण के बजाय, सटीक कृषि खेत को छोटे-छोटे क्षेत्रों में विभाजित करती है और इन क्षेत्रों की विशिष्ट जरूरतों को पूरा करने के लिए इनपुट और प्रबंधन प्रथाओं को लक्षित करती है। यह विभिन्न आधुनिक उपकरणों और तकनीकों का लाभ उठाता है, जिनमें शामिल हैं:

- रिमोट सेंसिंग: उपग्रहों, हवाई जहाजों, और ड्रोन का उपयोग करके खेतों की निगरानी करना और फसल स्वास्थ्य, मिट्टी की नमी और पोषक स्तरों के बारे में डेटा एकत्र करना।

- जीपीएस और जीआईएस (Global Positioning System and Geographic Information System): खेत का नक्शा बनाना, मशीनरी का मार्गदर्शन करना और डेटा का विश्लेषण करना।

- वेदर स्टेशन: वास्तविक समय के मौसम डेटा को इकट्ठा करना और सिंचाई और उर्वरक अनुप्रयोगों को अनुकूलित करना।

- कृषि सॉफ्टवेयर: डेटा एकत्र करने, विश्लेषण करने और प्रबंधन निर्णय लेने में मदद करना।

इन तकनीकों की मदद से, सटीक कृषि कई तरह से फसल उत्पादन और टिकाऊपन को बेहतर बनाती है:

1. फसल उत्पादन में वृद्धि:

- सटीक कृषि किसानों को सही समय पर, सही स्थान पर, और सही मात्रा में उर्वरक, कीटनाशक और सिंचाई जल लगाने में मदद करती है, जिससे फसल की पैदावार बढ़ती है।

- मिट्टी के स्वास्थ्य और पोषक तत्वों की कमी का पता लगाकर जमीन के अनुसार फसल का चयन करने में सहायता मिलती है।

- रोगों और कीटों के प्रकोप का पता लगाकर और उन्हें रोकने के लिए समय पर कदम उठाए जा सकते हैं।

2. संसाधनों का कुशल उपयोग:

- सटीक कृषि पानी, उर्वरक, और कीटनाशकों के अनावश्यक इस्तेमाल को कम करती है, जिससे इन महत्वपूर्ण संसाधनों का संरक्षण होता है।

- ड्रिप सिंचाई, स्प्रिंकलर सिंचाई और अन्य जल-संरक्षण तकनीकों का उपयोग करके पानी की बचत की जा सकती है।

- उर्वरक और कीटनाशकों का सटीक अनुप्रयोग से पर्यावरण प्रदूषण कम होता है।

3. पर्यावरणीय टिकाऊपन:

- सटीक कृषि रासायनिक उर्वरकों और कीटनाशकों के अत्यधिक उपयोग पर निर्भरता कम करती है और पर्यावरण के अनुकूल खाद और जैविक नियंत्रण विधियों को बढ़ावा देती है।

- कवर फसल के उपयोग और कम जुताई वाली तकनीकों के जरिए मिट्टी का कार्बनिक पदार्थ बढ़ाया जाता है, जिससे मिट्टी के स्वास्थ्य में सुधार होता है और क्षरण रोकने में मदद मिलती है।

- जलवायु परिवर्तन के अनुकूल फसलों और प्रथाओं को अपनाकर जलवायु परिवर्तन के प्रभावों को कम किया जा सकता है।

लाभों का खजाना: बढ़ी पैदावार, कम लागत, पर्यावरण संरक्षण

जलवायु परिवर्तन, जनसंख्या वृद्धि और संसाधनों के सीमित होने के दौर में खेती के पारंपरिक तरीकों पर संदेह का घेरा डाल रहा है। इसी सवाल के बीच सटीक कृषि उभरती हुई एक किरण की तरह है जो न केवल खेतों का कायाकल्प कर रही है, बल्कि खेती को एक लाभदायक पेशे के रूप में भी नया स्वरूप दे रही है। सटीक कृषि, डाटा और तकनीक के जादुई तालमेल से एक ऐसा खजाना खोल रही है जहां बढ़ी पैदावार, कम लागत और पर्यावरण संरक्षण मिलकर टिकाऊ भविष्य का रास्ता दिखाते हैं। आइए, इन लाभों के कपाट खोलें और देखें कि यह क्रांतिकारी दृष्टिकोण खेती के परिदृश्य को कैसे बदल रहा है।

बढ़ी पैदावार का सुखद संगीत:

पारंपरिक खेती में एक ही आकार-फिट-सभी दृष्टिकोण अक्सर फसल स्वास्थ्य की विविधता की अनदेखी करता है। सटीक कृषि इस जड़ता को तोड़ते हुए खेत को छोटे-छोटे क्षेत्रों में विभाजित करती है और उन क्षेत्रों की विशिष्ट आवश्यकताएं, पोषक तत्व, मिट्टी की स्थिति और मौसम के हिसाब से फसल का चयन, उर्वरक, कीटनाशक और सिंचाई का बेहतर प्रबंधन करती है। नतीजा, फसलें अपनी पूरी क्षमता के साथ पनपती हैं और पैदावार में उल्लेखनीय वृद्धि होती है। रिमोट सेंसिंग तकनीक फसल स्वास्थ्य की हर पल निगरानी करती है और किसी भी अप्रत्याशित खतरे का तुरंत पता लगा लेती है, जिससे समय पर बचाव संभव हो पाता है। फलस्वरूप, फसल नुकसान कम होता है और कुल पैदावार बढ़ती है।

लागत कम होने का आनंददायक तराना:

सटीक कृषि, संसाधनों के कुशल उपयोग का मंत्र जपती है। पानी, उर्वरक और कीटनाशकों का अंधाधुंध इस्तेमाल रोकती है और उन्हें आवश्यकतानुसार लक्षित प्रबंधन करती है। इससे इन महत्वपूर्ण संसाधनों

की बर्बादी कम होती है और फसल उत्पादन लागत काफी कम हो जाती है। ड्रिप सिंचाई और मल्चिंग तकनीकें पानी की बचत करती हैं, तो वहीं सेंसर आधारित खाद अनुप्रयोग उर्वरकों की मात्रा नियंत्रित करते हैं। सौर ऊर्जा सेंचन या बायोगैस जैसे नवीकरणीय ऊर्जा स्रोतों का उपयोग खेती में बिजली लागत को घटाता है। इन सभी प्रयासों का तालमेल बिठाकर सटीक कृषि किसानों के मुनाफे को बढ़ाती है और कृषि को आर्थिक रूप से अधिक आकर्षक बनाती है।

पर्यावरण संरक्षण का सुरम्य स्तुतिगानः

पारंपरिक खेती का पर्यावरण पर प्रतिकूल प्रभाव जगजाहिर है। रासायनिक उर्वरकों और कीटनाशकों का अत्यधिक उपयोग न केवल जल स्रोतों को प्रदूषित करता है, बल्कि मिट्टी की उर्वरता भी कम करता है। सटीक कृषि प्राकृतिक संतुलन की रक्षा पर गहरा ध्यान देती है। यह उर्वरकों और कीटनाशकों की निर्भरता कम करती है और जैविक खाद, कम्पोस्ट, और जैविक नियंत्रण विधियों को प्रोत्साहित करती है। कम जुताई और कवर फसल के उपयोग से मिट्टी का कार्बनिक पदार्थ बढ़ता है, जिससे मिट्टी के स्वास्थ्य में सुधार होता है और मिट्टी का क्षरण रुकता है। सटीक कृषि जलवायु परिवर्तन के प्रति लचीली फसलों के चयन और जल संरक्षण तकनीकों के जरिए पर्यावरणीय प्रभावों को कम करने में भी महत्वपूर्ण भूमिका निभाती है।

भारत की उपजाऊ भूमि: क्यों सटीक कृषि राष्ट्र के भविष्य के लिए महत्वपूर्ण है

भारत की आत्मा उसकी मिट्टी में बसती है। सदियों से यही उपजाऊ धरती देश को पोषण, समृद्धि और संस्कृति देती रही है। परंतु आज समय बदला है। बढ़ती आबादी, जलवायु परिवर्तन और संसाधनों के कम होते भंडार के सामने हमारी पारंपरिक खेती की कमियां उजागर हो रही हैं। ऐसे में, सटीक कृषि एक उम्मीद की किरण के रूप में उभरती है, जो न केवल फसल उत्पादन को बढ़ाने का वादा करती है, बल्कि भारत के भविष्य को भी एक टिकाऊ पथ पर ले जाने में सहायक हो सकती है।

बढ़ती आबादी की भूख मिटाने की चुनौती: अनुमानों के मुताबिक 2050 तक भारत की आबादी 1.65 बिलियन तक पहुंच सकती है। इतनी बड़ी आबादी को खिलाने के लिए पारंपरिक कृषि पर्याप्त खाद्यान्न उत्पादन नहीं कर पाएगी। हमें फसल उत्पादन को बढ़ाने की जरूरत है, लेकिन साथ ही हमें यह भी सुनिश्चित करना होगा कि पर्यावरण का संतुलन बना रहे। सटीक कृषि का डेटा-संचालित दृष्टिकोण फसल पैदावार को बढ़ाने में महत्वपूर्ण भूमिका निभा सकता है। खेत की वास्तविक परिस्थितियों के आधार पर उर्वरक, सिंचाई और कीटनाशकों के लक्षित उपयोग से फसल क्षति कम होती है और पैदावार बढ़ती है। यह तकनीक जल और अन्य संसाधनों के कुशल उपयोग को भी बढ़ावा देती है, जिससे कम संसाधनों के साथ अधिक उत्पादन का लक्ष्य हासिल किया जा सकता है।

जलवायु परिवर्तन की ज्वार भाटा से निपटना: कहर बरपाता जलवायु परिवर्तन भारत की कृषि के लिए सबसे बड़े खतरों में से एक है। अनियमित वर्षा, बढ़ते तापमान और चरम मौसमी घटनाएं फसल उत्पादन को बुरी तरह प्रभावित कर रही हैं। पारंपरिक कृषि इन बदलावों के अनुकूल नहीं है और अक्सर फसल नुकसान का सामना करना पड़ता है। सटीक कृषि जलवायु-लचीली फसलों के चयन और मौसम की वास्तविक समय की निगरानी के जरिए किसानों को आने वाले खतरों के

लिए पहले से सतर्क रहने और उचित कदम उठाने में सक्षम बनाती है। ड्रिप सिंचाई और अन्य जल संरक्षण तकनीकों के उपयोग से सूखे की स्थिति में भी फसलों को जीवित रखा जा सकता है। इस तरह, सटीक कृषि जलवायु परिवर्तन के प्रभावों को कम करने और खाद्य सुरक्षा बनाए रखने में महत्वपूर्ण भूमिका निभा सकती है।

मिट्टी के खजाने का संरक्षण: भारत की मिट्टी सदियों से फसलों का पोषण करती आई है, परंतु अत्यधिक रासायनिक उर्वरकों और कीटनाशकों के अंधाधुंध इस्तेमाल ने इसके स्वास्थ्य को खराब कर दिया है। मिट्टी की प्राकृतिक उर्वरता कम हो रही है, जमीन बंजर हो रही है और जल स्रोत प्रदूषित हो रहे हैं। सटीक कृषि प्राकृतिक संसाधनों के संरक्षण पर जोर देती है। यह रासायनिक निर्भरता कम करती है और जैविक खाद, खाद और कम्पोस्ट के उपयोग को बढ़ावा देती है। कम जुताई और कवर फसल के इस्तेमाल से मिट्टी का कार्बनिक पदार्थ बढ़ता है, जिससे मिट्टी का स्वास्थ्य बेहतर होता है और क्षरण रुकता है। इस तरह, सटीक कृषि दीर्घकालिक टिकाऊपन सुनिश्चित करती है और भविष्य की पीढ़ियों के लिए उपजाऊ मिट्टी विरासत में छोड़ती है।

Chapter 2: Tech Takes Root - Tools of the Precision Trade

- Eyes in the Sky: Leveraging remote sensing (satellites, drones, aerial imagery) for data collection

- Mapping the Field: GPS & GIS for field mapping, machine guidance, and data analysis

- Weathering the Storm: Real-time weather data for irrigation and fertilizer optimization

- Software as the Seed: Managing, analyzing data, and making informed decisions

Chapter 2: Tech Takes Root - Tools of the Precision Trade

अध्याय 2: तकनीक का खेत - सटीक व्यापार के उपकरण

आकाश की आंखें: रिमोट सेंसिंग (उपग्रह, ड्रोन, हवाई इमेजरी) के जरिए डेटा संग्रह का लाभ उठाना

पारंपरिक खेती अंधेरे में तीर चलाने जैसी है. किसान खेत पर मेहनत करते हैं, पानी देते हैं, खाद डालते हैं, लेकिन ये सचमुच फसल के लिए कितने जरूरी हैं, ये जानना मुश्किल होता है. नतीजा, फसल कमजोर होती है, पैदावार घटती है और किसान का हौसला टूटता है. लेकिन अब तकनीक ने खेती की इस अंधकारमय स्थिति को बदल दिया है. आकाश में चमकते उपग्रह, छोटे-छोटे ड्रोन और हवाई इमेजरी सटीक कृषि का नया चश्मा बने हैं, जो खेत की हर नस-पोत की जानकारी लाकर देते हैं.

ये आकाश की आंखें कैसे काम करती हैं?

उपग्रहों की दूरदृष्टि:

- पृथ्वी के ऊपर चक्कर लगाते ये विशाल यंत्र फसल की स्थिति, मिट्टी की नमी, पोषक तत्वों की कमी और यहां तक कि खरपतवारों की उपस्थिति तक का पता लगाते हैं. मल्टीस्पेक्ट्रल इमेजरी तकनीक का इस्तेमाल सूर्य के विभिन्न तरंगदैर्घों में प्रकाश को रिफ्लेक्ट करने के आधार पर फसल के स्वास्थ्य और तनाव की पहचान करता है.

- उपग्रहों से प्राप्त ये आंकड़े एक विशाल डेटाबेस में जमा होते हैं, जिसका विश्लेषण करके किसानों को खेत के विभिन्न हिस्सों की सटीक जानकारी

मिलती है. इस डेटा से मिट्टी का नक्शा तैयार किया जाता है, जो उर्वरक और सिंचाई की जरूरतों को निर्धारित करने में मदद करता है.

ड्रोन की नजदीकी निगरानी:

जहां उपग्रह बड़ा चित्र देते हैं, वहीं ड्रोन खेत के कोने-कोने की जांच करते हैं. हवा में उड़ते ये छोटे कैमरे फसल की बीमारी, पौधों की ऊंचाई, और पानी की जरूरत जैसी सूक्ष्म जानकारियां इकट्ठा करते हैं.

इन जानकारियों का उपयोग करके किसान फसल पर सटीक रूप से कीटनाशकों का छिड़काव कर सकते हैं, जिससे पर्यावरण प्रदूषण कम होता है और पैदावार बढ़ती है. ड्रोन थर्मल इमेजिंग का उपयोग करके पानी की तनावग्रस्त पौधों का पता लगाने में भी मदद कर सकते हैं, जिससे पानी का कुशलतम उपयोग सुनिश्चित होता है.

हवाई इमेजरी का पक्षी दृष्टिकोण:

हवाई जहाज और हवाई प्लेटफॉर्म का उपयोग करके खेतों की उच्च-रिज़ॉल्यूशन वाली तस्वीरें ली जाती हैं. ये तस्वीरें समय-समय पर ली जाती हैं, जिससे फसल के विकास की निगरानी की जा सकती है.

इन तस्वीरों का विश्लेषण करके किसान फसल के विकास में किसी भी असमानता का पता लगा सकते हैं और उचित कदम उठा सकते हैं. हवाई इमेजरी कटाई के बाद मिट्टी की क्षरण और कटाव जैसे मुद्दों की पहचान करने में भी मदद करती है.

डेटा-संचालित निर्णय का शक्ति:

रिमोट सेंसिंग तकनीकों से प्राप्त डेटा को विभिन्न सॉफ्टवेयर प्रोग्रामों में फीड किया जाता है, जो इसका विश्लेषण करके किसानों को रीयल-टाइम में सलाह देते हैं. ये सलाह में सिंचाई की मात्रा, उर्वरक के

प्रकार, कीटनाशकों के उपयोग और फसल प्रबंधन की अन्य रणनीतियां शामिल हो सकती हैं.

- डेटा-संचालित निर्णय लेने से किसान अनावश्यक खर्चों से बच सकते हैं, संसाधनों का कुशल उपयोग कर सकते हैं और फसल उत्पादन को बढ़ा सकते हैं. यह तकनीक कृषि को विज्ञान पर आधारित बनाती है और जोखिम को कम करती है.

खेत का नक्शा: खेत की मैपिंग, मशीन मार्गदर्शन और डेटा विश्लेषण के लिए जीपीएस और जीआईएस

पारंपरिक खेती में आंख मूंदकर बीज बिखेरने और उम्मीद लगाने जैसा होता था. किसान मेहनत तो करते थे, लेकिन यह नहीं जानते थे कि खेत का कौन सा हिस्सा कितना उपजाऊ है, कौन सा हिस्सा सूख रहा है, और कौन सा हिस्सा कीट-पतंगों का घर बना हुआ है. नतीजा, फसल का उत्पादन असमान होता था, संसाधनों का दुरुपयोग होता था, और किसान का हौसला टूटता था. पर अब तकनीक ने खेती की इस अंधकारमय दशा को बदल दिया है. जीपीएस और जीआईएस के जादुई शस्त्र से लैस होकर किसान आज अपने खेत का सटीक नक्शा बना सकते हैं, मशीनों को बिना थकान हांक सकते हैं, और डेटा के सागर में से ज्ञान के मोती बटोर सकते हैं. आइए, देखें कि ये तकनीकें कैसे खेती को क्रांतिकारी बना रही हैं.

जीपीएस: खेत का मार्गदर्शक तारा:

ग्लोबल पोजिशनिंग सिस्टम (जीपीएस) उपग्रहों के जरिए खेत की सटीक लोकेशन, आकार, और क्षेत्रफल का पता लगाता है. इस जानकारी से किसान अपने खेत का डिजिटल नक्शा बना सकते हैं, उसमें विभिन्न क्षेत्रों को चिह्नित कर सकते हैं, और उनकी अलग-अलग जरूरतों का आकलन कर सकते हैं.

जीपीएस ट्रैक्टर, कम्बाइन और अन्य कृषि मशीनों को भी मार्गदर्शन देता है. स्वचालित रूप से चलने वाली ये मशीनें बिना किसी गलती के खेत में काम करती हैं, जिससे बीज का समान वितरण, उर्वरक का लक्षित अनुप्रयोग, और कटाई का अधिकतम लाभ सुनिश्चित होता है.

खेत में किसी भी समस्या की पहचान के लिए जीपीएस का उपयोग हानिकारक क्षेत्रों का नक्शा बनाने में भी किया जा सकता है. इससे कीटों

के प्रकोप या बीमारियों के फैलाव को रोकने के लिए तत्काल कार्रवाई की जा सकती है.

जीआईएस: डेटा का जादूगर:

- जियोग्राफिक इंफॉर्मेशन सिस्टम (जीआईएस) जीपीएस डेटा को अन्य महत्वपूर्ण जानकारी के साथ जोड़ता है, जैसे मिट्टी के प्रकार, वर्षा पैटर्न, फसल के स्वास्थ्य का इतिहास, और उपज का स्तर. यह जानकारी कई स्तरों पर खेत का विस्तृत नक्शा तैयार करती है, जिससे किसान हर हिस्से की जरूरतों को समझ सकते हैं.

- जीआईएस सॉफ्टवेयर इस डेटा का विश्लेषण कर उर्वरक की मात्रा, सिंचाई का समय, और फसल प्रबंधन की अन्य रणनीतियों के लिए सटीक सिफारिशें करता है. इससे संसाधनों का कुशल उपयोग होता है, लागत कम होती है, और फसल उत्पादन बढ़ता है.

- जलवायु परिवर्तन के प्रभावों का आकलन करने के लिए भी जीआईएस का उपयोग किया जा सकता है. किसान खेत के विभिन्न हिस्सों के भविष्य के मौसम पैटर्न और जलवायु परिस्थितियों का पूर्वानुमान देख सकते हैं और उसी के अनुसार फसल चयन और जल प्रबंधन की रणनीति बना सकते हैं.

एक क्रांतिकारी मेलजोल:

जीपीएस और जीआईएस की तालमेल से खेत अब सिर्फ जमीन का टुकड़ा नहीं, बल्कि डेटा का खजाना बन गया है. किसान इस खजाने को खोलकर खेत की हर नस-पोत की जानकारी जुटा सकते हैं और उसी के हिसाब से निर्णय ले सकते हैं. इससे न सिर्फ फसल उत्पादन बढ़ता है, बल्कि मिट्टी का स्वास्थ्य भी बेहतर होता है और पर्यावरण पर कम बोझ पड़ता है. यह तकनीकी मेलजोल खेती को एक आधुनिक उद्योग बनाने की ओर तेजी से बढ़ा रहा है.

तूफान का सामना: सिंचाई और उर्वरक अनुकूलन के लिए रीयल-टाइम मौसम डेटा

भारत की कृषि का आधारभूत स्तंभ मानसून की लय पर टिका हुआ है। एक तरफ जहां समय पर बारिश फसलों को जीवन देती है, वहीं अनियमित वर्षा, सूखा और चरम मौसमी घटनाएं किसानों की मेहनत पर पानी फेर देती हैं। ऐसे में परंपरागत खेती अपनी कमियों को उजागर करती है। किसान अंधेरे में तीर चलाते हुए सिंचाई और उर्वरक का प्रबंधन करते हैं, जो बदलते मौसम के थपेड़ों में फसलों को कमजोर बना देता है। लेकिन अब टेक्नोलॉजी इस तूफान का सामना करने के लिए एक हथियार लेकर आई है – रीयल-टाइम मौसम डेटा!

जानिए कैसे बदल रहा है खेती का परिदृश्य:

सटीक सूचना का वरदान:

रीयल-टाइम मौसम डेटा में तापमान, आर्द्रता, वर्षा की संभावना, हवा की गति और दिशा जैसे तत्व शामिल होते हैं। ये आंकड़े पृथ्वी अवलोकन उपग्रहों, स्थानीय मौसम स्टेशनों और अन्य सेंसरों से एकत्र किए जाते हैं।

किसान अब अपने मोबाइल के जरिए खेत के लिए रीयल-टाइम मौसम रिपोर्ट प्राप्त कर सकते हैं। इससे सिर्फ आने वाले वर्षा की जानकारी ही नहीं मिलती, बल्कि वाष्पोत्सर्जन की दर, मिट्टी की नमी का स्तर और फसल के तनाव का विश्लेषण भी होता है।

इस सटीक सूचना के आधार पर किसान सिंचाई का सही समय और मात्रा निर्धारित कर सकते हैं। पानी की बर्बादी रुकती है और फसलों को जरूरत के हिसाब से पानी मिलता है, जिससे उनकी पैदावार बढ़ती है और सूखे का खतरा कम होता है।

बुद्धिमानी से खाद का संतुलन:

- मौसम डेटा न केवल सिंचाई का मार्गदर्शन करता है, बल्कि उर्वरक के उपयोग को भी अनुकूल बनाता है। बारिश की संभावना के साथ उर्वरक डालने से धुलाई का खतरा होता है, जो पर्यावरण प्रदूषण और पोषक तत्वों की बर्बादी का कारण बनता है।

- रीयल-टाइम तापमान और आर्द्रता के आंकड़े बताते हैं कि फसल को पोषक तत्वों की कितनी आवश्यकता है। उच्च तापमान में कम उर्वरक का उपयोग फसल को तनाव से बचाता है, जबकि हवा की नमी के आधार पर फसल की वृद्धि के लिए जरूरी पोषक तत्वों की पहचान की जा सकती है।

- इससे किसान उर्वरक का बुद्धिमानी से उपयोग कर सकते हैं, लागत कम होती है, पर्यावरण संरक्षित रहता है और फसल का स्वास्थ्य बेहतर होता है।

जलवायु परिवर्तन का अनुकूलन:

- जलवायु परिवर्तन के चलते अनियमित मौसम का सामना करना सबसे बड़ी चुनौती है। रीयल-टाइम मौसम डेटा किसानों को इस तूफान का सामना करने में सक्षम बनाता है।

- आने वाले मौसम पैटर्न की जानकारी के आधार पर किसान जलवायु-लचीली फसलों का चयन कर सकते हैं। सूखा-प्रतिरोधी फसलें कम पानी में भी अच्छी पैदावार देती हैं, जबकि बाढ़ से बचने के लिए उठी हुई क्यारियां बनाई जा सकती हैं।

- मौसम के बदलावों के लिए पहले से सतर्क रहने और त्वरित कार्रवाई करने की क्षमता किसानों को फसल के नुकसान से बचाती है और टिकाऊ कृषि को बढ़ावा देती है।

नई तकनीक के पंख:

रीयल-टाइम मौसम डेटा तक पहुंच अब मोबाइल ऐप और ऑनलाइन प्लेटफॉर्म के जरिए आसान हो गई है। किसान अपनी जरूरत के हिसाब से स्थानीयकृत मौसम जानकारी देख सकते हैं

बीज नहीं, सॉफ्टवेयर: प्रबंधन, डेटा विश्लेषण और सही निर्णय

पारंपरिक खेती में किसान की बुद्धि से ज्यादा ताकत बैलों की होती थी. जमीन खोदने से लेकर फसल काटने तक सब कुछ शारीरिक श्रम पर निर्भर था. पर आज तकनीक ने खेती की पट्टी पलट दी है. बैलों की जगह ट्रैक्टर ने ले ली है और बुद्धि का काम अब सॉफ्टवेयर कर रहे हैं. ये सॉफ्टवेयर हमारे खेत का बीज नहीं, बल्कि भविष्य का फलदा पौधा हैं, जो डेटा को पचाकर ज्ञान का अमृत देता है और किसानों को सही निर्णय लेने में मदद करता है. आइए, खोलें इस सॉफ्टवेयर के जादुई खजाने के दरवाजे...

डेटा का सागर, सॉफ्टवेयर का नाविक:

आज हर खेत एक डेटा का सागर है. मिट्टी की नमी, हवा का तापमान, फसल का स्वास्थ्य, मौसम का मिजाज, ये सारी जानकारियां लगातार इकट्ठा होती रहती हैं. पर बिना नाविक के इस सागर में मछली पकड़ना मुश्किल है. यहीं सॉफ्टवेयर का कमाल दिखता है. ये सूचनाओं का विश्लेषण करते हैं, उनमें छिपे पैटर्न को उजागर करते हैं और किसानों को बताते हैं कि कब खेत में बीज बोएं, कब सिंचाई करें, कब उर्वरक डालें और कब फसल काटें.

जमीन का नक्शा, फसल की तकदीर:

पहले किसान आंख मूंदकर बीज बिखेरते थे. पर अब सॉफ्टवेयर खेत का सटीक नक्शा बनाते हैं. ये नक्शे बताते हैं कि कहां मिट्टी उपजाऊ है, कहां सूखी है, कहां खरपतवारों का साम्राज्य है. इस जानकारी के आधार पर किसान अलग-अलग क्षेत्रों में अलग-अलग फसलें चुन सकते हैं, जिससे हर इंच जमीन अपना अधिकतम फल देती है.

मौसम का जादूगर, फसल का सुरक्षा कवच:

निरंतर बदलते मौसम किसानों के लिए सबसे बड़ा सिरदर्द होते थे. सूखा पड़ता तो फसलें जमीन की दरारों में समा जाती थीं, और जब बाढ़ आती तो सारी मेहनत बह जाती थी. पर अब सॉफ्टवेयर मौसम का जादू समझते हैं. ये आने वाले दिनों का पूर्वानुमान लगाते हैं और किसानों को बताते हैं कि कब सूखा पड़ेगा, कब बारिश होगी. इससे किसान पहले से तैयारी कर सकते हैं, सूखा-प्रतिरोधी फसलें चुन सकते हैं और पानी निकासी की व्यवस्था कर सकते हैं.

लागत कम, मुनाफा ज्यादा, खुशहाली का साया:

सॉफ्टवेयर खेत का लेखा-जोखा भी रखते हैं. ये बताते हैं कि किस फसल पर कितना खर्च हुआ, कितनी पैदावार हुई और कितना मुनाफा हुआ. इससे किसान कम लागत वाली फसलों को चुनाव कर सकते हैं, संसाधनों का कुशलता से उपयोग कर सकते हैं और बर्बादी रोक सकते हैं. इसका नतीजा होता है कि मुनाफा बढ़ता है और किसानों की जिंदगी में खुशहाली आती है.

निरंतर सीखने का सफर:

सॉफ्टवेयर सिर्फ डेटा का विश्लेषण नहीं करते, बल्कि नए ज्ञान का सृजन भी करते हैं. हर फसल, हर खेत, हर मौसम से ये सीखते हैं और अपने एल्गोरिदम को अपडेट करते हैं. इससे किसानों को भी नया ज्ञान मिलता है और उनके निर्णय लेने की क्षमता बढ़ती है.

Chapter 3: Data Blossoms - Cultivating Information Wisdom

- Gathering, Storing, and Analyzing Data: Efficient methods for data management

- Connecting the Dots: Integrating diverse data sources (remote sensing, weather, soil testing)

- AI and Machine Learning: Empowering data-driven decision making

- Protecting the Harvest: Data security and privacy considerations

Chapter 3: Data Blossoms - Cultivating Information Wisdom

अध्याय 3: डेटा का खिलना - सूचना ज्ञान की खेती

खेत से डेटा, भविष्य का रास्ता: कुशल डेटा प्रबंधन के कारगर तरीके

पारंपरिक खेती में किसान की नजर सिर्फ खेत तक होती थी। जमीन खोदना, बीज बोना, खरपतवार निकालना और फसल काटना यही उनका संसार था। पर आज तकनीक ने आँख खोल दी है। खेत अब सिर्फ जमीन का टुकड़ा नहीं, बल्कि डेटा का खजाना है। मिट्टी की नमी, हवा का तापमान, फसल का स्वास्थ्य, ये सब जानकारियां लगातार इकट्ठा होती रहती हैं, लेकिन बिना कुशल प्रबंधन के ये बस सूचनाओं का ढेर बनकर रह जाती हैं। इसलिए आज का किसान डेटा इंजीनियर भी बन रहा है, जो इस खजाने को सहेज कर, उसका विश्लेषण कर, फसल को नया मुकाम देता है। आइए, खोलें डेटा प्रबंधन के कुशल तरीकों का पिटारा...

जमाव का जादू:

रिमोट सेंसिंग: उपग्रहों और ड्रोन की आंखें खेत की हर नस-पोत को पहचानती हैं। मिट्टी के प्रकार, फसल का स्वास्थ्य, खरपतवारों का प्रसार, ये सब जानकारियां तस्वीरों और सेंसर डेटा के जरिए इकट्ठा होती हैं।

कृषि सेंसर: खेत में लगने वाले छोटे-छोटे सेंसर मिट्टी की नमी, तापमान, हवा की दिशा और पोषक तत्वों के स्तर को लगातार मापते हैं। ये रीयल-टाइम डेटा देते हैं, जिससे किसान तुरंत निर्णय ले सकते हैं।

- कृषि ऐप्स: मोबाइल ऐप्स के जरिए किसान मौसम का पूर्वानुमान, बाजार के भाव, फसल प्रबंधन तकनीकें और अपने खेत का डेटा एक जगह देख सकते हैं। ये ऐप्स डेटा जमा करने, विश्लेषण करने और सलाह देने का काम एक साथ करते हैं।

संरक्षण का साया:

- क्लाउड स्टोरेज: इंटरनेट के बादलों में डेटा को सहेजना अब सबसे सुरक्षित तरीका है। यह स्टोरेज स्थान की चिंता दूर करता है और कहीं से भी डेटा तक पहुंचने की सुविधा देता है।

- डेटा एन्क्रिप्शन: डेटा सुरक्षा किसी खजाने की सुरक्षा की तरह महत्वपूर्ण है। एन्क्रिप्शन तकनीक डेटा को गुप्त रखती है, जिससे उसे चोरी या छेड़छाड़ का खतरा नहीं होता।

- बैकअप और रिकवरी: तकनीकी खामियों से कोई अछूता नहीं है। इसलिए नियमित रूप से डेटा का बैकअप लेना जरूरी है। इससे किसी भी समस्या में डेटा को वापस लाया जा सकता है।

विश्लेषण का वरदान:

- मशीन लर्निंग और आर्टिफिशियल इंटेलिजेंस: ये जटिल एल्गोरिदम बड़ी मात्रा में डेटा का विश्लेषण करते हैं और उसमें छिपे पैटर्न को उजागर करते हैं। इससे किसानों को फसल चयन, सिंचाई, उर्वरक और कीटनाशक उपयोग, यहां तक कि भविष्य की पैदावार का अनुमान लगाने में मदद मिलती है।

- डेटा विजुअलाइज़ेशन: जटिल डेटा को ग्राफ, चार्ट और तस्वीरों में बदलने से उसे समझना आसान हो जाता है। इससे किसान डेटा का रुझान देख सकते हैं और समय रहते कार्रवाई कर सकते हैं।

एग्री-प्रेसिजन मॉडल: ये डेटा-चालित मॉडल विभिन्न कारकों को ध्यान में रखते हुए फसल प्रबंधन की सटीक सलाह देते हैं। इससे किसान संसाधनों का कुशल उपयोग कर सकते हैं और फसल उत्पादन बढ़ा सकते हैं।

बिंदुओं का संगम: विभिन्न डेटा स्रोतों का एकीकरण (रिमोट सेंसिंग, मौसम, मिट्टी परीक्षण)

पारंपरिक खेती में किसान आंख मूंदकर तीर चलाने वाले योद्धा की तरह होते थे। सूर्योदय के साथ खेत में जाते, सूर्यास्त के साथ लौटते, लेकिन उनके फैसले अंधेरे में लिए गए अनुमानों पर ही टिके होते थे। पर आज तकनीक ने उनके हाथों में दूर तक देखने वाला दूरबीन थमा दिया है। रिमोट सेंसिंग, मौसम डेटा और मिट्टी परीक्षण की जानकारियां अब एक बिखरे पहेली के टुकड़ों की तरह नहीं हैं, बल्कि मिलकर एक समग्र चित्र प्रस्तुत करती हैं, जिससे किसान बेहतर निर्णय ले सकते हैं और फसल को नया मुकाम दे सकते हैं। आइए, देखें कैसे विभिन्न डेटा स्रोतों का एकीकरण कृषि को बदल रहा है...

आकाश की आंखें, धरती की नब्ज:

- रिमोट सेंसिंग: उपग्रहों और ड्रोन की चमकती आंखें खेत की हर हलचल को पकड़ लेती हैं। मिट्टी का प्रकार, फसल का स्वास्थ्य, खरपतवारों का फैलाव, ये सारी जानकारियां तस्वीरों और सेंसर डेटा के रूप में इकट्ठा होती हैं। इससे किसान खेत के विभिन्न हिस्सों की जरूरतों को समझ सकते हैं और उसी के हिसाब से सिंचाई, उर्वरक और कीटनाशक का उपयोग कर सकते हैं।

- मौसम का जादूगर: बारिश का इंतजार और सूखे का डर अब किसानों का पीछा नहीं करते। सेंटर फॉर स्पेस एप्लीकेशंस एंड डायटामैटिक इकोनॉमी (CSADE) और इंडियन इंस्टीट्यूट ऑफ ट्रॉपिकल मेट्रोलॉजी (IITM) जैसे संस्थान सटीक मौसम पूर्वानुमान देते हैं। इसका उपयोग करते हुए किसान फसल चयन, सिंचाई का समय और मौसम संबंधी जोखिमों से बचाव की रणनीति बना सकते हैं।

- मिट्टी का रहस्य: मिट्टी के परीक्षण के जरिए उसकी पोषक तत्वों की कमी, क्षारीयता या अम्लता का पता लगाया जा सकता है। इस जानकारी का

उपयोग करके किसान उर्वरक के प्रकार और मात्रा का निर्धारण कर सकते हैं, जिससे मिट्टी का स्वास्थ्य बेहतर होता है और फसल का उत्पादन बढ़ता है।

बिंदुओं का संगीत:

ये अलग-अलग डेटा स्रोत अपने आप में महत्वपूर्ण हैं, लेकिन असली जादू उनके एकीकरण में छिपा है। आधुनिक सॉफ्टवेयर विभिन्न डेटा स्रोतों को जोड़कर खेत का एक समग्र चित्र प्रस्तुत करते हैं। ये सॉफ्टवेयर मशीन लर्निंग एल्गोरिदम का उपयोग करके डेटा का विश्लेषण करते हैं और किसानों को सटीक सलाह देते हैं। उदाहरण के लिए, एक सॉफ्टवेयर मिट्टी के प्रकार, मौसम के आंकड़े और रिमोट सेंसिंग डेटा का उपयोग करके सिंचाई की मात्रा और समय का सुझाव दे सकता है। इससे पानी की बर्बादी रुकती है और फसल को पानी की सही मात्रा मिलती है।

लाभों का राग:

डेटा के एकीकरण से होने वाले लाभों की सूची लंबी है:

फसल उत्पादन में वृद्धि: सटीक फसल चयन, जल प्रबंधन और पोषण प्रबंधन से फसल की पैदावार बढ़ती है, जिससे किसानों की आय में वृद्धि होती है।

संसाधनों का कुशल उपयोग: पानी, उर्वरक और कीटनाशकों का सटीक और लक्षित उपयोग से इन महत्वपूर्ण संसाधनों की बर्बादी कम होती है। इससे पर्यावरण पर बोझ कम होता है और लागत भी कम होती है।

कृषि क्रांति का नया हथियार: कृत्रिम बुद्धिमत्ता और मशीन लर्निंग से डेटा-संचालित निर्णय

पारंपरिक खेती में किसानों के निर्णय अनुभव और परंपरा पर आधारित होते थे। वर्षों का ज्ञान खेतों में काम आता था, लेकिन अक्सर अनिश्चितता और जोखिम साथ-साथ चलते थे. पर आज तकनीक ने एक नया हथियार किसानों के हाथों में थमा दिया है – कृत्रिम बुद्धिमत्ता (AI) और मशीन लर्निंग (ML). ये जटिल तकनीकें डेटा के सागर में से ज्ञान के मोती छांटती हैं और किसानों को डेटा-संचालित निर्णय लेने की शक्ति देती हैं। आइए, देखें कैसे AI और ML कृषि को क्रांतिकारी बना रहे हैं...

डेटा का जादूगर:

AI और ML का जादू डेटा में छिपे पैटर्न और संबंधों को उजागर करने में है. खेती के हर पहलू से आने वाला डेटा – मिट्टी की नमी, हवा का तापमान, फसल का स्वास्थ्य, मौसम का मिजाज, ये सब AI और ML के एल्गोरिदम का भोजन बनते हैं. ये एल्गोरिदम इस डेटा का विश्लेषण करते हैं और इससे ऐसी सटीक भविष्यवाणियां और सलाह देते हैं, जिन्हें सोचना भी मुश्किल था.

फसल का भविष्य, पहले से लिखा:

AI और ML के जरिए किसान अब फसल का भविष्य पहले से लिख सकते हैं. ये तकनीकें मौसम का सटीक पूर्वानुमान लगाकर सूखे, बाढ़ या अन्य प्राकृतिक आपदाओं के लिए पहले से तैयारी करने में मदद करती हैं. इसके अलावा, AI फसल चयन में भी निर्णायक भूमिका निभाता है. मिट्टी के प्रकार, जल उपलब्धता और मौसम के आंकड़ों के आधार पर AI सही फसल की सिफारिश करता है, जिससे फसल नुकसान का खतरा कम होता है और पैदावार बढ़ती है.

सिंचाई का सही समय, पानी का बेहतर प्रबंधन:

पानी की कमी भारत की कृषि की सबसे बड़ी चुनौतियों में से एक है. लेकिन AI और ML इस चुनौती का सामना करने का रास्ता दिखाते हैं. मिट्टी की नमी, तापमान और फसल की जरूरतों को ध्यान में रखकर ये तकनीकें सटीक सिंचाई का समय और मात्रा सुझाती हैं. इससे पानी की बर्बादी रुकती है और हर बूंद फसल तक पहुंचती है.

खरपतवारों का अंत, फसल का जीवन:

खरपतवार फसल की जान के दुश्मन होते हैं. पर अब AI और ML इन दुश्मनों को पहचानने और उनसे निपटने में सहायक बन रहे हैं. ड्रोन से ली गई तस्वीरों का विश्लेषण करके AI खेत में खरपतवारों की पहचान करता है और इससे किसान लक्षित रूप से कीटनाशकों का उपयोग कर सकते हैं. इससे फसल को नुकसान कम होता है और उपज बढ़ती है.

जोखिम प्रबंधन की ढाल:

कृषि जोखिमों का भरा खेल है. मौसम की अनिश्चितता, फसल रोग, बाजार का उतार-चढ़ाव, ये सब किसानों की चिंता का कारण होते हैं. AI और ML इन जोखिमों का आकलन करने और उनके प्रबंधन में मदद करते हैं. मौसम का सटीक पूर्वानुमान, फसल के स्वास्थ्य की निगरानी और बाजार के रुझानों का विश्लेषण करके AI समय रहते सतर्क कर देता है और किसानों को जोखिम का सामना करने की तैयारी करने का समय देता है.

फसल की रक्षाः डेटा सुरक्षा और गोपनीयता के पहलू

खेतों में फसल लहलहाए, ये हर किसान का सपना होता है. मगर इस सपने को पूरा करने में न सिर्फ मौसम, मिट्टी और मेहनत का साथ चाहिए, बल्कि डिजिटल युग में डेटा की सुरक्षा और गोपनीयता का पहरुआ भी बनना जरूरी है. आज कल कृषि डेटा का खजाना बन चुका है, जिसमें मिट्टी की गुणवत्ता, फसल का स्वास्थ्य, जल प्रबंधन तक, सूक्ष्म से सूक्ष्म जानकारियां समाई होती हैं. मगर जैसे पके फलों की चोरी का खतरा होता है, वैसे ही इस डेटा के दुरुपयोग की आशंका भी बनी रहती है. इसलिए फसल की रक्षा के लिए अब सॉफ्टवेयर के किले के भीतर डेटा की सुरक्षा सुनिश्चित करना उतना ही महत्वपूर्ण हो गया है. आइए, खोलें डेटा सुरक्षा और गोपनीयता के पहलुओं का पिटारा...

दुश्मन छिपा है परछाई में:

- डेटा चोरी का साया: हैकर्स के मकड़जाल हर क्षेत्र में फैले हुए हैं. कृषि में भी वे किसानों के डेटा पर नजर रखते हैं. मिट्टी की उर्वरता, सिंचाई की तकनीक, फसल का चक्र, ये सारी जानकारियां बड़े व्यापारियों या प्रतिस्पर्धी कंपनियों के लिए लाभदायक साबित हो सकती हैं.

- गोपनीयता का भंग: किसानों की निजी जानकारी, जैसे जमीन का रिकॉर्ड, फसल का उत्पादन, वित्तीय स्थिति आदि भी डेटाबेस में दर्ज होती है. इन आंकड़ों का दुरुपयोग सरकार, निजी कंपनियों या अन्य लोगों के द्वारा हो सकता है, जिससे किसानों का आर्थिक या सामाजिक नुकसान हो सकता है.

- जालसाजी और धोखाधड़ी: गलत हाथों में पड़ने पर डेटा को बदलकर फसल बीमा क्लेम, सरकारी सब्सिडी या बैंक लोन पाने के लिए फर्जीवाड़ा किया जा सकता है. इससे न सिर्फ किसानों को नुकसान होता है, बल्कि सरकारी योजनाओं का भी दुरुपयोग होता है.

सुरक्षा का किला कैसे बने?

डेटा चोरों के मंसूबों को नाकाम करने के लिए सुरक्षा के मजबूत कदम उठाना जरूरी है:

एन्क्रिप्शन का कवच: किसानों का डेटा एन्क्रिप्शन तकनीक से सुरक्षित किया जाना चाहिए. इससे डेटा गुप्त भाषा में बदल जाता है, जिसे बिना पासवर्ड के पढ़ना नामुमकिन होता है.

पहचान का पहरुआ: डेटा तक पहुंच केवल अधिकृत व्यक्तियों को ही होनी चाहिए. मजबूत पासवर्ड, दो-कारक प्रमाणीकरण और अन्य सुरक्षा उपायों के जरिए अनधिकृत पहुंच को रोका जा सकता है.

डेटा स्टोरेज का किला: किसानों का डेटा किसी सुरक्षित क्लाउड स्टोरेज में रखा जाना चाहिए, जहां डेटा सेंटर नवीनतम सुरक्षा प्रोटोकॉल का पालन करते हों.

नियमों का कबूतर: डेटा सुरक्षा से जुड़े कानूनों और नियमों का सख्ती से पालन करना जरूरी है. भारत में पर्सनल डेटा प्रोटेक्शन बिल जैसे कानून डेटा गोपनीयता सुनिश्चित करते हैं.

जागरूकता का हथियार: किसानों को डेटा सुरक्षा के बारे में जागरूक करना महत्वपूर्ण है. उन्हें सिखाया जाना चाहिए कि किस तरह से अपने डेटा की सुरक्षा करनी है और संदिग्ध गतिविधियों की पहचान करनी है.

Chapter 4: Nurturing Yield - Precision for Abundant Harvests

- Maximizing Crop Production: Using precision to optimize fertilizer and pesticide application

- Watering Wisdom: Efficient irrigation management for optimal water use

- Sensorial Symphony: Monitoring and managing plant health with advanced sensors

- Tailoring the Approach: Precision strategies for diverse crops and regions

Chapter 4: Nurturing Yield - Precision for Abundant Harvests

अध्याय 4: पोषण का पालन - प्रचुर फसल के लिए सटीकता

फसलें लहलहाए, मुनाफा बढ़े: सटीकता से उर्वरक और कीटनाशक प्रबंधन से बंपर पैदावार

पारंपरिक खेती में किसान खेतों में बीज बोते थे, उर्वरक डालते थे और कीटनाशक छिड़कते थे, मगर ये सब अंदाजन ही चलता था. किस फसल को कितना पोषण चाहिए, कहां खरपतवार ज्यादा हैं, कहां कीटनाशक की जरूरत ज्यादा है, ये सब सवाल जवाब बिन रह जाते थे. नतीजा, फसल या तो कम होती थी या फिर लागत ज्यादा पड़ती थी. लेकिन अब तकनीक ने क्रांति ला दी है. सटीक खेती (Precision Agriculture) के जरिए अब सब कुछ डेटा और तकनीक के सहारे होता है. इस लेख में हम देखेंगे कि कैसे सटीक उर्वरक और कीटनाशक प्रबंधन से फसल उत्पादन को कई गुना बढ़ाया जा सकता है.

डेटा का जादूगर, खेत का नक्शा:

सटीक खेती का मूल आधार डेटा है. मिट्टी परीक्षण, रिमोट सेंसिंग, खेत में लगने वाले सेंसर, ये सब मिलकर खेत का एक विस्तृत नक्शा बनाते हैं. इस नक्शे में मिट्टी की उर्वरता, नमी, पीएच स्तर, खरपतवारों का प्रसार, फसल का स्वास्थ्य आदि हर छोटी-बड़ी जानकारी दर्ज होती है. ये डेटा किसी जादूगर की तरह फसल की जरूरतों को बता देता है.

फसल को मिले हिसाब का खाना:

पौधों को पोषण की भी अलग-अलग जरूरतें होती हैं. सटीक खेती के जरिए यह पता चलता है कि खेत के अलग-अलग हिस्सों में मिट्टी में कौन से पोषक तत्व कमी हैं. इससे उर्वरक को उसी हिसाब से इस्तेमाल किया जाता है. नतीजा, फसल को सही पोषण मिलता है और बेकार का उर्वरक बर्बाद नहीं होता. मिट्टी का स्वास्थ्य भी बेहतर रहता है और फसल का उत्पादन बढ़ जाता है.

कीटनाशक का सटीक निशाना:

खेत में कीटनाशक का अंधाधुंध छिड़काव न सिर्फ पर्यावरण के लिए हानिकारक है, बल्कि खर्च भी बढ़ाता है. सटीक खेती में इसका भी समाधान है. ड्रोन, सेंसर और डेटा विश्लेषण के जरिए पता लगाया जाता है कि खेत के किस हिस्से में खरपतवार या कीट ज्यादा हैं. फिर उसी खास जगह पर ही लक्षित तरीके से कीटनाशक का छिड़काव किया जाता है. इससे प्रभावित इलाका कम होता है और फसल को नुकसान भी कम होता है.

फसल की सेहत की निगरानी:

सटीक खेती में खेत की निगरानी लगातार होती रहती है. स्मार्ट सेंसर हवा का तापमान, मिट्टी की नमी और फसल का स्वास्थ्य लगातार मापते रहते हैं. यह डेटा रीयल-टाइम में उपलब्ध होता है, जिससे किसान तुरंत कार्रवाई कर सकते हैं. जैसे, अगर डेटा दिखाता है कि किसी हिस्से में मिट्टी बहुत सूखी है, तो किसान वहीं सिंचाई की व्यवस्था कर सकते हैं. इस तरह से फसल को किसी भी तरह के तनाव से बचाया जा सकता है.

लागत कम, मुनाफा ज्यादा:

सटीक खेती से लागत कम होती है और मुनाफा बढ़ता है. उर्वरक और कीटनाशक का बेकार का इस्तेमाल कम होता है, जिससे पैसा बचता है.

साथ ही, फसल का उत्पादन बढ़ने से किसानों की आय भी बढ़ती है. इसके अलावा, मिट्टी का स्वास्थ्य बेहतर रहता है, जिससे दीर्घकाल में भी फसल का उत्पादन अच्छा रहता है.

जल का जादूगर: फसलों को प्यास बुझाते हुए पानी का किफायती इस्तेमाल

भारत की जमीं सिर्फ अन्न उगलाती नहीं, बल्कि अरमानों को भी सींचती है. हर किसान का सपना होता है कि उसके खेत हरे-भरे लहलहाए, लेकिन ये सपना पूरा करने के लिए पानी सबसे बड़ा सहारा होता है. पर अफसोस, पानी की कमी हमारे कृषि का सबसे बड़ा दुश्मन बन गया है. ऐसे में जल प्रबंधन की कला सीखना अब जरूरी हो गया है. सिर्फ यही नहीं, तकनीक ने इसमें भी क्रांति ला दी है. अब किसान सिर्फ फावड़े से नहीं, बल्कि डेटा और स्मार्ट तकनीकों से खेतों को प्यास बुझा रहे हैं. आइए, देखें कैसे कुशल सिंचाई प्रबंधन (Efficient Irrigation Management) से पानी को बचाते हुए फसलों की प्यास बुझाई जा सकती है.

पानी का गणित, फसल का लाभ:

पारंपरिक खेती में किसान अक्सर अंदाजा लगाकर खेतों की सिंचाई करते थे. नतीजा, या तो फसलों को जरूरत से ज्यादा पानी मिल जाता था, जो बर्बाद होता था, या फिर कम पानी मिलने से फसल सूखकर रह जाती थी. लेकिन अब डेटा और तकनीक मिलकर सटीक सिंचाई की राह दिखा रहे हैं. मिट्टी की नमी, हवा का तापमान, फसल की ज़रूरत, ये सब आंकड़े सेंसर और रिमोट सेंसिंग के जरिए इकट्ठा किए जाते हैं. कंप्यूटर इन आंकड़ों का विश्लेषण करके यह बता देते हैं कि खेत को कब, कितना और किस तरीके से पानी देना चाहिए. इससे पानी का हिसाब-किताब बिल्कुल सटीक हो जाता है और एक बूंद भी बर्बाद नहीं होती.

ड्रिप-ड्रिप, फसल की पिपासा मिटाए:

पारंपरिक नहरों या खुले कुओं से सिंचाई में काफी पानी बर्बाद हो जाता है. लेकिन अब ड्रिप सिंचाई (Drip Irrigation) से पानी की बचत करने में

क्रांति आई है. इस तकनीक में पाइपों के जरिए खेत में पौधों की जड़ों के पास ही सीधे पानी गिराया जाता है. इससे न सिर्फ पानी की बचत होती है, बल्कि पौधों को जरूरी पोषक तत्व भी सीधे जड़ों तक पहुंचते हैं. नतीजा, फसल का उत्पादन बढ़ता है और किसानों का मुनाफा भी बढ़ जाता है.

स्प्रिंकलर का जादू, सूखे से बचाव:

कुछ इलाकों में भौगोलिक परिस्थितियों के कारण ड्रिप सिंचाई संभव नहीं होती. ऐसे में स्प्रिंकलर सिंचाई एक बेहतर विकल्प हो सकती है. इस तकनीक में स्प्रेयरों के जरिए खेत में छोटी-छोटी बूंदों के रूप में पानी का छिड़काव किया जाता है. इससे बड़े खेतों की सिंचाई भी आसानी से और कम पानी में की जा सकती है. खासकर, सूखे की स्थिति में स्प्रिंकलर सिंचाई फसलों को सूखने से बचाने में अहम भूमिका निभाती है.

आकाशी आंख, धरती की प्यास:

मौसम का मिजाज बदलते ही फसलों की पानी की ज़रूरत भी बदल जाती है. लेकिन किसान आमतौर पर मौसम का सही अनुमान नहीं लगा पाते. अब इसमें भी तकनीक मदद कर रही है. मौसम विभाग के आंकड़े और सैटेलाइट इमेजरी के जरिए आने वाले दिनों के तापमान, आर्द्रता और वर्षा की भविष्यवाणी की जा सकती है. इससे किसान पहले से तैयारी कर सकते हैं और सिंचाई का समय तय कर सकते हैं. जैसे, अगर आने वाले दिनों में बारिश की संभावना है, तो फालतू सिंचाई से पानी की बर्बादी रोकी जा सकती है.

इंद्रियों का सुगम संगीत: अत्याधुनिक सेंसरों से पौधों के स्वास्थ्य की निगरानी और प्रबंधन

पारंपरिक खेती में किसान पौधों से बातें सिर्फ आंखों से करते थे. उनकी हरी पत्तियां खुशहाली का गीत गाती थीं, पीली पत्तियां चिंता का शोर मचाती थीं. मगर ये समझना मुश्किल होता था कि पौधों के अंदर क्या चल रहा है, वे किन तकलीफों से जूझ रहे हैं. पर अब तकनीक ने पौधों के भीतर झांकने का रास्ता दिखा दिया है. अत्याधुनिक सेंसर अब इंद्रियों का एक सुगम संगीत बजा रहे हैं, जिससे किसान पौधों के स्वास्थ्य की वास्तविक तस्वीर पा सकते हैं और उनका बेहतर प्रबंधन कर सकते हैं. आइए, देखें कैसे ये सेंसर खेतों में क्रांति ला रहे हैं...

पौधों का गूढ़भाष:

- मिट्टी की मर्मर: मिट्टी की नमी, तापमान और पीएच स्तर को मापने वाले सेंसर पौधों के लिए सबसे ज़रूरी जानकारी मुहैया कराते हैं. ये बताते हैं कि पौधों को कब कितना पानी चाहिए, मिट्टी में पोषक तत्वों की कमी है या नहीं और क्या ज़मीन का रसायन संतुलन बिगड़ रहा है. इससे किसान समय रहते सिंचाई, उर्वरक और मिट्टी सुधार के उपाय कर सकते हैं.

- पत्तियों का कानाफूसी: पत्तियों पर लगे सेंसर पौधों के प्रकाश संश्लेषण (Photosynthesis) की दर, जल तनाव और पोषक तत्वों की कमी का पता लगाते हैं. ये सेंसर पत्तियों के रंग, प्रतिबिंब और तापमान में सूक्ष्म परिवर्तनों को भी पहचानते हैं, जो पौधों के किसी भी तरह के तनाव का शुरुआती संकेत हो सकते हैं. इससे शुरुआत में ही समस्या का पता लगाकर उसे नियंत्रित किया जा सकता है.

- वातावरण का वादन: तापमान, आर्द्रता, हवा की दिशा और गति को मापने वाले सेंसर खेत के वातावरण की पूरी जानकारी देते हैं. इससे किसान जानते हैं कि मौसम फसल को कैसे प्रभावित करेगा और कौन से

रोग-कीट का खतरा ज्यादा है. इससे वे सटीक समय पर रोग निरोधक उपाय या कीटनाशक का छिड़काव कर सकते हैं.

सूचना का महासागर, निर्णयों का मार्गदर्शन:

सेंसर सिर्फ डेटा ही नहीं देते, बल्कि उसका विश्लेषण भी करते हैं. आर्टिफिशियल इंटेलिजेंस (AI) और मशीन लर्निंग (ML) के जरिए ये कंप्यूटर पौधों के स्वास्थ्य का आकलन करते हैं और किसानों को सटीक सलाह देते हैं. ये बताते हैं कि कब पौधों को सींचना है, कितना उर्वरक डालना है, कौन से कीटनाशक का इस्तेमाल करना है और यहां तक कि फसल कटाई का सबसे सही समय भी सुझाते हैं. इससे किसान डेटा-संचालित निर्णय ले सकते हैं और फसल उत्पादन को बढ़ा सकते हैं.

लाभों का राग:

सेंसर के इस्तेमाल से होने वाले लाभों का राग लंबा है:

फसल उत्पादन में वृद्धि: सटीक जानकारी के आधार पर पौधों की जरूरतों का पूरा ध्यान रखा जाता है, जिससे फसल का स्वास्थ्य बेहतर होता है और उत्पादन बढ़ता है.

संसाधनों का कुशल उपयोग: पानी, उर्वरक और कीटनाशक का अंधाधुंध इस्तेमाल कम होता है, जिससे इन महत्वपूर्ण संसाधनों की बर्बादी रुकती है और लागत भी कम होती है.

जोखिम प्रबंधन: रोग-कीट के शुरुआती संकेत पहचान कर तुरंत कार्रवाई की जा सकती है, जिससे बड़े नुकसान से बचा जा सकता है.

हर फसल का अपना गीत, हर क्षेत्र का अपना संगीत: विविध फसलों और क्षेत्रों के लिए सटीक कृषि रणनीतियां

पारंपरिक खेती में एक ही राग सबके लिए बजता था. वही बीज, वही उर्वरक, वही सिंचाई, चाहे पहाड़ हो या मैदान, हर खेत को एक ही तर्ज पर ढाला जाता था. पर अब कृषि का राग बदल रहा है. हर फसल का अपना लय है, हर क्षेत्र की अपनी ताल है, सटीक कृषि (Precision Agriculture) इसी विविधता को पहचानकर हर खेत के लिए अलग राग गाने की कला सिखाती है. आइए, देखें कैसे विविध फसलों और क्षेत्रों के लिए सटीक रणनीतियां कृषि का नया स्वर गढ़ रही हैं...

फसल का सुर बांधो:

- टमाटर का तार सप्तक: गरमी का मौसम हो और टमाटरों का स्वाद चटपटा न लगे, ऐसा हो कैसे सकता है? पर टमाटरों को उगाना भी किसी कला से कम नहीं. उन्हें सही तापमान, आर्द्रता और पोषक तत्वों की ज़रूरत होती है. सेंसर और डेटा विश्लेषण से किसान को टमाटरों की सटीक ज़रूरत पता चलती है. ड्रिप सिंचाई और वातावरण नियंत्रित ग्रीनहाउस से हवा का संतुलन और पानी का किफायती इस्तेमाल संभव होता है. इससे न सिर्फ टमाटरों का उत्पादन बढ़ता है, बल्कि उनकी गुणवत्ता भी बेहतर होती है.

- आलू का ओजपूर्ण भजन: आलू हर घर की रसोई का राजा है. मगर इस राजा को पनपने के लिए अलग साज चाहिए. मिट्टी की जुबान समझना उसकी खुशहाली का ज़रिया है. मिट्टी परीक्षण और सेंसर किसान को बताते हैं कि आलू को किन पोषक तत्वों की कमी है, मिट्टी का पीएच स्तर कैसा है और सिंचाई का सही समय क्या है. सटीक उर्वरक प्रबंधन और मिट्टी सुधार की रणनीतियां सेहतमंद आलू का वादा करती हैं.

- चाय का सुकून भरा गीत: पहाड़ों की गोद में पनपने वाली चाय की पत्तियां भी सटीकता की रागिनी सुनती हैं. नमी, रोशनी और तापमान का सही

संतुलन चाय के स्वाद का राज है. स्मार्ट सेंसर पहाड़ों पर भी पत्तियों का हवाओं से बातचीत सुनते हैं और किसान को उनकी प्यास और धूप की ज़रूरत का पता बताते हैं. इससे पानी का किफायती इस्तेमाल और सटीक छंटाई से बेहतर गुणवत्ता की चाय का उत्पादन होता है.

क्षेत्र का अपना ताल:

पहाड़ों की ऊंची आवाज़: पहाड़ी इलाकों की ढलानों पर खेती एक अलग ही चुनौती है. मिट्टी का कटाव, पानी का बहाव और असमान रोशनी से फसलों को नुकसान हो सकता है. कंटूर खेती (Contour Farming) जैसी तकनीकें पहाड़ों की भाषा समझती हैं. ढलानों पर समोच्च रेखाओं के अनुसार खेती करने से मिट्टी का कटाव रुकता है और पानी का कुशल इस्तेमाल हो पाता है.

रेगिस्तान की सपाट शायरी: रेगिस्तान की जमीन खामोश है, पर उसकी प्यास का हिसाब किताब करने की ज़रूरत है. सूखा-प्रतिरोधी फसलों का चुनाव और मल्चिंग जैसी तकनीकें सूरज की तपिश को रोकती हैं और पानी की बूंद को बचाती हैं. सोलर पंप रेगिस्तान के धूप को बिजली में बदलकर सिंचाई का ज़रिया बनते हैं. इस तरह प्यासी जमीन पर भी हरियाली का सपना पूरा होता है.

Chapter 5: Soil Secrets - Precision for Sustainable Future

- Revitalizing the Earth: Using precision techniques to improve soil health (cover crops, reduced tillage, targeted fertilization)

- Boosting Carbon Sequestration: Building fertile soil for future generations

- Combating Erosion: Precision strategies for soil conservation

- Building a Legacy: Creating sustainable agricultural systems for long-term prosperity

Chapter 5: Soil Secrets - Precision for Sustainable Future

अध्याय 5: मिट्टी के रहस्य - टिकाऊ भविष्य के लिए सटीकता

धरती का कायाकल्प: सटीक तकनीकों से मिट्टी के स्वास्थ्य में नया जीवन

पारंपरिक खेती में किसान अन्न उगाते थे, पर उनकी नजर सिर्फ फसल पर होती थी. मिट्टी को सिर्फ खेत का एक हिस्सा समझा जाता था, जिसकी उर्वरता का लगातार दोहन होता था. पर अब तकनीक ने किसानों की नजर का रास्ता बदल दिया है. अब कृषि का लक्ष्य सिर्फ फसल उगाना नहीं, बल्कि धरती का कायाकल्प करना है. सटीक खेती की तकनीकें मिट्टी की सेहत का जायजा लेती हैं और उसे फिर से हरा-भरा बनाने का रास्ता दिखाती हैं. आइए, देखें कैसे ये तकनीकें भारत की मिट्टी में प्राण फूंक रही हैं...

कवर क्रॉप्स: धरती को हरा ओढ़ना:

बंजर खेतों को पकने देना अब अतीत की बात है. कवर क्रॉप्स (Cover Crops) की तकनीक से खाली खेतों को हरे वस्त्र पहनाए जाते हैं. मिट्टी को धूप और हवा से बचाने के लिए मटर, तिपतिया या ज्वार जैसे पौधे उगाए जाते हैं. ये पौधे मिट्टी में पोषक तत्वों को बढ़ाते हैं, खरपतवारों को दबाते हैं और मिट्टी के कटाव को रोकते हैं. नतीजा, अगली फसल के लिए मिट्टी तैयार हो जाती है और उसका उत्पादन भी बढ़ जाता है.

कम जुताई, ज्यादा खुशहालीः

पारंपरिक खेती में खेत को बार-बार जोतने से उसकी ऊपरी परत कमजोर हो जाती थी. अब कम जुताई (Reduced Tillage) की तकनीक से इस नुकसान को रोका जा रहा है. इस तकनीक में बिना जुताई या कम से कम जुताई करके कवर क्रॉप्स के अवशेषों को मिट्टी में मिलाया जाता है. इससे मिट्टी की संरचना बेहतर होती है, जमीन नरम रहती है और जल धारण क्षमता बढ़ती है. इससे फसलों को ज्यादा पानी मिलता है और वे सूखे का भी बेहतर सामना कर पाते हैं.

निशाना लगाकर उर्वरक:

अंधाधुंध उर्वरक डालने का जमाना अब गया. सटीक उर्वरक प्रबंधन (Targeted Fertilization) में मिट्टी परीक्षण के आधार पर खेत के अलग-अलग हिस्सों में उर्वरक की सही मात्रा डालने की रणनीति बनाई जाती है. इससे उर्वरक का बेकार का इस्तेमाल कम होता है और पौधों को सिर्फ उतना ही पोषण मिलता है जितनी उनकी जरूरत होती है. इससे न सिर्फ लागत कम होती है, बल्कि पर्यावरण पर भी कम बोझ पड़ता है.

लाभों का झरना:

सटीक तकनीकों से मिट्टी के स्वास्थ्य में सुधार के अनगिनत लाभ हैं:

- फसल उत्पादन में वृद्धि: स्वस्थ मिट्टी में पौधे ज्यादा अच्छी तरह से पनपते हैं और उनका उत्पादन बढ़ जाता है.

- मिट्टी के क्षरण का रोकथाम: कवर क्रॉप्स और कम जुताई से मिट्टी का कटाव रुकता है और जमीन उपजाऊ बनी रहती है.

- पानी के उपयोग में बचत: स्वस्थ मिट्टी पानी को बेहतर तरीके से सोखती है और फसलों की जरूरत कम होती है, जिससे पानी की बर्बादी रुकती है.

जैविक खेती को बढ़ावा: मिट्टी के स्वास्थ्य में सुधार होने से जैविक खाद का इस्तेमाल ज्यादा प्रभावी होता है और रासायनिक खेती पर निर्भरता कम होती है.

पर्यावरण संरक्षण: मिट्टी के स्वास्थ्य में सुधार जलवायु परिवर्तन के खिलाफ लड़ाई में भी महत्वपूर्ण भूमिका निभाता है. यह कार्बन को जमीन में सोखने में मदद करता है और ग्रीनहाउस गैसों के उत्सर्जन को कम करता है.

उपजाऊ धरती, मजबूत भविष्य: कार्बन संचयन से पीढ़ियों को सौगात

हमारी धरती एक जीवित तंत्र है, जहां हर प्राणी किसी न किसी रूप में जुड़ा हुआ है. इंसान भी इस चक्र का अभिन्न अंग है, पर अक्सर हमारा व्यवहार धरती की सेहत को नुकसान पहुंचाता है. ऐसे में एक महत्वपूर्ण मुद्दा उभरता है - जलवायु परिवर्तन. इस चुनौती का मुकाबला करने के लिए कई रास्ते हैं, लेकिन उनमें से एक प्राचीन, शक्तिशाली और सरल उपाय छिपा है - उर्वर धरती का निर्माण. जी हां, कार्बन संचयन (Carbon Sequestration) की तकनीकें न सिर्फ मिट्टी की सेहत बेहतर करती हैं, बल्कि जलवायु संकट के खिलाफ भी मजबूत ढाल बनती हैं. आइए, देखें कैसे उपजाऊ धरती आने वाली पीढ़ियों को एक हरा-भरा भविष्य का उपहार दे सकती है...

धरती की सांसों में कार्बन का नाच:

पौधे प्रकाश संश्लेषण की चमत्कारी प्रक्रिया से वातावरण से कार्बन डाइऑक्साइड सोखते हैं और ऑक्सीजन छोड़ते हैं. ये सिलसिला हमारी सांसों को जिंदगी देता है, लेकिन अंधाधुंध जंगल कटाई और प्रदूषण से कार्बन का असंतुलन बिगड़ गया है. अब इस असंतुलन को ठीक करने की ज़रूरत है. मिट्टी कार्बन का शानदार भंडार है, वह वनस्पतियों से कार्बन को सोखकर उसे जमीन में सुरक्षित रखती है. अगर हम मिट्टी के स्वास्थ्य का ख्याल रखें, तो वह और ज्यादा कार्बन संचय कर सकती है और जलवायु परिवर्तन के हथियार को कमजोर कर सकती है.

हरी क्रांति, कार्बन क्रांति का साथ:

उपजाऊ धरती बनाने की राह कार्बन क्रांति से जुड़ी हुई है. आइए, देखें कौन सी तकनीकें इस क्रांति में अग्रणी भूमिका निभा रही हैं:

- कवर क्रॉप्स का जादू: खाली खेतों को हरा ओढ़ाने का जादू कवर क्रॉप्स करते हैं. मिट्टी को ढकने वाले ये पौधे हवा से आने वाले कार्बन को जड़ों में जमा करते हैं और फिर मिट्टी में लौटा देते हैं. इससे मिट्टी का कार्बन स्तर बढ़ता है और जमीन का स्वास्थ्य बेहतर होता है.

- जुताई की कला: पारंपरिक गहरी जुताई हवा को जमीन के अंदर जाने का रास्ता दे देती है, जिससे जमीन में जमा कार्बन ऑक्सीजन से मिलकर वापस वातावरण में चला जाता है. कम जुताई की तकनीक से जुताई की गहराई कम करके इस नुकसान को रोका जा सकता है. इससे मिट्टी में मौजूद कार्बन सुरक्षित रहता है और कार्बन संचयन बढ़ता है.

- जैविक खाद का उपहार: रासायनिक खादों की जगह जैविक खाद, जैसे गोबर की खाद या कम्पोस्ट, मिट्टी के लिए बहुमूल्य तोहफा हैं. ये खाद मिट्टी में सूक्ष्मजीवों की संख्या बढ़ाकर कार्बन संचयन की प्रक्रिया को तेज करते हैं और पौधों को प्राकृतिक पोषण भी देते हैं.

- वनस्पति का आलिंगन: जंगलों का विस्तार करना और पेड़ लगाना कार्बन संचयन का सबसे शक्तिशाली हथियार है. पेड़ वातावरण से बड़ी मात्रा में कार्बन सोखते हैं और उसे अपनी लकड़ी में जमा करते हैं. इससे न सिर्फ कार्बन स्तर बढ़ता है, बल्कि जैव विविधता भी बढ़ती है और हवा साफ होती है.

मिट्टी का कवच, भविष्य का बचावः सटीक तकनीकों से मिट्टी के कटाव से मुकाबला

धरती की गोद में उगे फसल किसान की उम्मीदों का गीत गाते हैं, पर कभी ये वही गोद खिसकने का खतरा भी उठाती है. मिट्टी का कटाव, वो दुश्मन जो खामोशी से हमारी ज़मीन को निगलता जाता है, भारत के लिए चिंता का बड़ा विषय है. आज़ादी के अमृत महोत्सव के इस साल में सपनों का भारत बनाने के लिए मिट्टी की रक्षा करना ज़रूरी है. यही वजह है कि अब सटीक खेती ने हथियार उठाए हैं, मिट्टी को बचाने की नई रणनीतियां गढ़ी जा रही हैं. आइए, देखें कैसे ये तकनीकें मिट्टी के कवच को मज़बूत कर भविष्य की बुनियाद मजबूत कर रही हैं...

कटाव का गीत, किसान का दर्द:

पहाड़ों की ढलान, नदियों के किनारे, खेतों की अनियमित सिंचाई ये वो इलाके हैं जहां मिट्टी का कटाव सबसे ज़्यादा होता है. बारिश की बूंदें या हवा के झोंके मिट्टी की परत को उघाड़ देते हैं और धीरे-धीरे ज़मीन का नाश करते हैं. नतीजा, उपजाऊ ज़मीन बंजर हो जाती है, फसल उत्पादन गिरता है और किसानों का हौसला टूटता है. इस कटाव के गीत को रोकना अब ज़रूरी है.

कंटूर खेती की सुर तालः

पहाड़ों की ढलानों पर मानसून का रौद्र रूप सबसे ज़्यादा कहर बरपाता है. कंटूर खेती (Contour Farming) इसी धारा को मोड़ने की कला है. इस तकनीक में खेत को समोच्च रेखाओं के अनुसार सीढ़ीनुमा बनाया जाता है. इससे बारिश का पानी तेज़ी से नहीं बहता, बल्कि ज़मीन में समा जाता है और मिट्टी का कटाव रुकता है. ये सिर्फ भू-संरक्षण ही नहीं करता, बल्कि पानी का भी किफायती इस्तेमाल करता है.

जुड़कर बचाओ, खेत को न छोड़ो:

पहाड़ों की तरह मैदानी इलाकों में भी मिट्टी कटाव का सामना करती है. खेतों की ज़्यादा जुताई, हवा का कटाव और अनियमित सिंचाई इसके प्रमुख कारण हैं. संरक्षण कृषि (Conservation Agriculture) की तकनीकें इस लड़ाई में अग्रणी भूमिका निभा रही हैं. इस तकनीक में कम से कम जुताई या बिना जुताई के फसल उगाई जाती है. खेत में मल्चिंग की परत बिछाई जाती है, जो हवा और धूप से मिट्टी की रक्षा करती है. साथ ही, फसल चक्रण की विधि से मिट्टी को पोषण मिलता है और उसकी संरचना मज़बूत होती है.

वनस्पति का हरा पहरावा:

नदियों के किनारे की ज़मीन उपजाऊ तो होती है, पर बाढ़ का सफाया करती है. नदी तटबंधन (Riverbank Stabilization) की तकनीकें इस कटाव को रोकने का हरा वस्त्र पहनाती हैं. नदी के किनारे पौधे लगाए जाते हैं, जिनकी जड़ें मिट्टी को बांधकर रखती हैं और बाढ़ के थपेड़ों को सह लेती हैं.

धरती की विरासत, किसान का कर्म: दीर्घकालिक समृद्धि के लिए टिकाऊ कृषि प्रणालियों का निर्माण

भारत की जमीन सिर्फ अन्न उगाती नहीं, बल्कि संस्कृति पालेगी, परंपरा बनाएगी और पीढ़ियों को पोषेगी. ये विरासत किसानों के श्रम और धरती के उदारता से मिलकर बनती है. पर आज समय की मांग है कि इस विरासत की रक्षा कर उसे आने वाली पीढ़ियों के लिए संवर्धित किया जाए. यही वजह है कि अब टिकाऊ कृषि प्रणालियाँ (Sustainable Agricultural Systems) उभर रही हैं, जो न सिर्फ आज फसल उगाती हैं, बल्कि आने वाले कल को भी हरा-भरा रखने का वादा करती हैं. आइए, देखें कैसे ये तकनीकें दीर्घकालिक समृद्धि की मजबूत नींव रख रही हैं...

प्रकृति के साथ तालमेल, फसल का सितार:

पारंपरिक खेती में प्रकृति को जीतने की कोशिश होती थी, पर अब साथ चलने का सफर शुरू हो चुका है. मिट्टी के स्वास्थ्य, जलवायु परिवर्तन और जैव विविधता को ध्यान में रखकर ही दीर्घकालिक समृद्धि का रास्ता मिलता है.

- जैविक खेती का राग: रासायनिक खादों और कीटनाशकों को अलविदा कहकर अब प्रकृति के अनुकूल जैविक खेती का राग बज रहा है. गोबर की खाद, कम्पोस्ट और हरी खाद से मिट्टी का पोषण किया जाता है और प्राकृतिक कीट नियंत्रण विधियों का इस्तेमाल किया जाता है. इससे न सिर्फ फसलों की गुणवत्ता बेहतर होती है, बल्कि मिट्टी का स्वास्थ्य भी बना रहता है.

- जल का संगीत: पानी किसी कीमत पर नहीं खरीदा जा सकता है, यही समझ अब जल संरक्षण की रणनीति तय करती है. ड्रिप सिंचाई, स्प्रिंकलर सिंचाई और फसल चक्रण से पानी का किफायती इस्तेमाल किया जाता है. वर्षा जल संचयन की तकनीकें बारिश की हर बूंद को सोखकर फसलों

के लिए बचा लेती हैं. इससे पानी का संकट दूर होता है और कृषि का भविष्य सुरक्षित होता है.

जैव विविधता का कोरस: सिर्फ एक फसल पर निर्भरता अब पुरानी बात है. फसल विविधता और वनस्पति संरक्षण पर अब ज़ोर दिया जा रहा है. खेतों के किनारे पेड़ लगाए जाते हैं, जो मिट्टी का कटाव रोकते हैं और पक्षियों के आशियाने बनते हैं. इससे कीटों का प्राकृतिक नियंत्रण होता है और जैव विविधता का संतुलन बना रहता है.

ज्ञान का दीप, किसान का हाथ:

टिकाऊ खेती सिर्फ तकनीक नहीं, बल्कि ज्ञान का दीप भी है. किसानों को प्रशिक्षित करना, अनुभवों को साझा करना और नवीनतम तकनीकों की जानकारी देना इस दीप को जलाए रखता है.

किसान स्कूल, ज्ञान का बगीचा: किसानों के लिए संगोष्ठी, कार्यशालाएं और किसान स्कूल चलाए जा रहे हैं. इनमें वैज्ञानिकों और अनुभवी किसानों का अनुभव बांटा जाता है, जिससे नई तकनीकें आसानी से अपनाई जा सकती हैं.

डिजिटल खेती, ज्ञान का हार: टेलीफोन, स्मार्टफोन और इंटरनेट अब खेतों तक पहुंच रहे हैं. डिजिटल प्लेटफॉर्म जमीनी हकीकत से जुड़े डेटा और वैज्ञानिक ज्ञान का आदान-प्रदान करते हैं. इससे किसान मौसम का पूर्वानुमान, बाजार के रुझानों और नए शोधों की जानकारी आसानी से ले सकते हैं.

सहकार का पुल, समृद्धि की नदी: अकेले चलने से मंजिलें दूर होती हैं, साथ चलने से रास्ते आसान होते हैं.

Chapter 6: Water Wisdom - Precision for a Thirsty World

- Modernizing Irrigation: Embracing drip irrigation, sprinklers, and smart systems

- Weather-Responsive Watering: Adapting irrigation based on real-time weather data

- Choosing the Right Crop: Selecting water-efficient plants for optimal resource use

- Adapting to Change: Embracing climate-resilient irrigation practices

Chapter 6: Water Wisdom - Precision for a Thirsty World

अध्याय 6: जल ज्ञान - प्यासी दुनिया के लिए सटीकता

सिंचाई का नया सितार : ड्रिप, स्प्रिंकलर और स्मार्ट तकनीकों का संगीत

पारंपरिक खेती में पानी नदी का रव था, बहता हुआ, अनियंत्रित. लेकिन सूखे की तपती हवा ने इस रव को उदासी का गीत बना दिया. पानी की हर बूंद की कीमत समझने का वक्त आ गया है. और यहीं से सिंचाई की कहानी में नया अध्याय लिखा जा रहा है - आधुनिक सिंचाई का अध्याय. ड्रिप, स्प्रिंकलर और स्मार्ट तकनीकों का ये सुरीला संगीत खेतों की प्यास बुझाते हुए हर बूंद का हिसाब रखता है. आइए, सुनें कैसे ये तकनीकें भारत की खेती को एक नए युग की ओर ले जा रही हैं...

ड्रिप-ड्रिप, पौधे का प्यास बुझाओ:

पारंपरिक नहरों और खुले कुओं से सिंचाई में पानी का बड़ा हिस्सा रास्ते में ही खो जाता था. लेकिन ड्रिप सिंचाई ने हर बूंद की कीमत पहचानी. इस तकनीक में पाइपों के जरिए पौधे की जड़ों के पास सीधे पानी गिराया जाता है. इससे न सिर्फ पानी की बचत होती है, बल्कि खरपतवार भी कम उगते हैं और पोषक तत्व सीधे जड़ों तक पहुंचते हैं. नतीजा, फसल का उत्पादन बढ़ता है और किसानों की मुस्कान खिलती है.

स्प्रिंकलर का जादू, सूखे से बचाव:

ड्रिप सिंचाई कुछ फसलों और इलाकों के लिए उपयुक्त नहीं होती. ऐसे में स्प्रिंकलर सिंचाई मददगार की तरह सामने आती है. इस तकनीक में स्प्रेयरों के जरिए खेत में छोटी-छोटी बूंदों के रूप में पानी का छिड़काव किया जाता है. इससे बड़े खेतों की सिंचाई भी आसानी से और कम पानी में की जा सकती है. खासकर, सूखे की स्थिति में स्प्रिंकलर सिंचाई फसलों को सूखने से बचाने में अहम भूमिका निभाती है.

स्मार्ट सिस्टम, पानी का हिसाब:

अब पानी सिर्फ बहता नहीं, बल्कि सोचता भी है. स्मार्ट सिंचाई प्रणालियाँ सेंसरों और कंप्यूटरों की मदद से खेत की नमी, तापमान और पौधों की ज़रूरत का आकलन करती हैं. फिर उसी के हिसाब से सिंचाई की मात्रा और समय तय करती हैं. इससे पानी का बेकार इस्तेमाल रुकता है और सिंचाई का हर कदम सटीक होता है. सोलर पैनलों के जरिए इन प्रणालियों को बिजली भी मिलती है, जिससे लागत कम होती है और पर्यावरण अनुकूलता बढ़ती है.

लाभों का झरना:

आधुनिक सिंचाई तकनीकों के इस्तेमाल से होने वाले लाभ अनगिनत हैं:

- पानी की बचत: पारंपरिक तरीकों की तुलना में आधुनिक सिंचाई तकनीकों से 50% तक पानी की बचत की जा सकती है. इससे सूखे की चुनौती कम होती है और कीमती जल संसाधनों का संरक्षण होता है.

- फसल उत्पादन में वृद्धि: सटीक सिंचाई से पौधों को उनकी जरूरत के हिसाब से पानी मिलता है, जिससे उनका स्वास्थ्य बेहतर होता है और उत्पादन बढ़ता है.

- लागत में कमी: पानी की बचत से सिंचाई का खर्च कम होता है. साथ ही, आधुनिक तकनीकें खेतों में श्रम की ज़रूरत भी कम करती हैं.

पर्यावरण संरक्षण: कम पानी के इस्तेमाल से खाद और कीटनाशकों का ज़हरीला रन-ऑफ भी कम होता है, जिससे जल प्रदूषण रुकता है और पर्यावरण की रक्षा होती है.

मौसम का मिजाज, सिंचाई का राग: रियल-टाइम आंकड़ों से बुझाओ खेतों की प्यास

पारंपरिक किसान अपनी बुद्धि से मौसम का आकलन करते थे, बादलों की चाल और पक्षियों की गीत से फसलों की प्यास का अंदाजा लगाते थे. पर अब तकनीक ने किसानों को और ताकत दी है. रियल-टाइम मौसम के आंकड़ों से सिंचाई की रणनीति बनाने की तकनीक, खेतों की प्यास बुझा रही है और पानी की बर्बादी रोक रही है. आइए, देखें कैसे ये आधुनिक हथियार किसानों को मौसम के मिजाज के हिसाब से फसलों का सिंचाई का राग सुनाना सिखा रहे हैं...

मौसम की झड़ी, फसलों की प्यास:

बारिश का अंदाजा लगाना मुश्किल हुआ करता था. कभी आशा से ज्यादा बरसता, कभी उम्मीदों को सुखा देता. किसान नहरों या कुओं के भरोसे आते, पर सूखे का थपेड़ा उनका साथ नहीं छोड़ता था. पर अब मौसम विज्ञान के जादू से किसानों को फसलों की प्यास को समझने में मदद मिली है. रिमोट सेंसर, वेदर स्टेशन और भू-पर्यवेक्षण तकनीक से खेतों का तापमान, नमी, हवा की गति और मिट्टी की नमी का रियल-टाइम डेटा मिलता है. इससे किसान जानते हैं कि कब बरसने वाला है, कब फसलों को ज्यादा पानी चाहिए और कब कम. ये जानकारी उनके लिए मौसम का राग गाने का नया हथियार बन गई है.

डेटा का दीप, सिंचाई का रास्ता:

मौसम का डेटा सिर्फ ज्ञान नहीं, बल्कि कार्रवाई का जरिया भी है. अब स्मार्ट सिंचाई प्रणालियाँ इस डेटा का विश्लेषण करती हैं और खेतों की जरूरतों के हिसाब से सिंचाई की मात्रा और समय तय करती हैं. ये प्रणालियाँ पाइपों या स्प्रिंकलरों के जरिए पानी का सही अनुपात में और सही समय पर पहुंचाती हैं. नतीजा, फसलों को उनकी प्यास के हिसाब से

पानी मिलता है, न ज्यादा, न कम. इससे पानी की बर्बादी नहीं होती और फसलों का स्वास्थ्य बेहतर रहता है.

फायदों का झरना:

मौसम-आधारित सिंचाई तकनीक से होने वाले फायदे अनेकों हैं:

पानी की बचत: पारंपरिक तकनीकों की तुलना में इस तकनीक से 30% तक पानी की बचत की जा सकती है. ये सूखे की स्थिति में भी फसलों को बचाने में मदद करती है और जल संसाधनों के सतत उपयोग को प्रोत्साहित करती है.

फसल उत्पादन में वृद्धि: सही मात्रा में पानी मिलने से पौधों का तनाव कम होता है, पोषक तत्वों का बेहतर इस्तेमाल होता है और फलस्वरूप उत्पादन बढ़ता है. इससे किसानों की आय भी बढ़ती है.

खर्च में कमी: पानी की बचत से सिंचाई का खर्च कम होता है. साथ ही, स्मार्ट प्रणालियाँ श्रम की जरूरत भी कम करती हैं, जिससे लागत और भी घटती है.

पर्यावरण संरक्षण: पानी की बचत से खाद और कीटनाशकों का रन-ऑफ कम होता है, जिससे जल प्रदूषण रुकता है और पर्यावरण की रक्षा होती है.

किसानों का सशक्तीकरण: मौसम का आंकड़ा-आधारित ज्ञान किसानों को स्वतंत्र निर्णय लेने की क्षमता देता है. इससे वे जलवायु परिवर्तन के अनुकूल खेती के तरीके अपना सकते हैं और अपनी आजीविका को और मजबूत बना सकते हैं.

सही फसल का चुनाव, संसाधनों का सदुपयोग: कम पानी वाले पौधों का चयन, टिकाऊ कृषि का वादा

पानी जीवन का अमृत है, और कृषि के लिए तो प्राणवायु के समान. पर बदलते पर्यावरण में सूखे की कड़ी धूप फसलों की प्यास बुझा पाने में नाकाम है. ऐसे में पानी के किफायती इस्तेमाल के साथ-साथ सही फसल का चुनाव टिकाऊ कृषि की नींव रखता है. कम पानी वाले पौधे सिर्फ संसाधनों का सदुपयोग ही नहीं करते, बल्कि किसानों के चेहरे पर मुस्कान भी लाते हैं. आइए, देखें कैसे जलवायु के अनुकूल फसलों का चयन कृषि का भविष्य हरा-भरा कर सकता है...

पानी की प्यास का माप, फसल का चुनाव:

हर फसल की पानी की प्यास अलग होती है. धान और गन्ना जैसे जलसुप्री फसल जहाँ एक सीजन में भारी मात्रा में पानी पीते हैं, वहीं बाजरा, ज्वार और मक्का जैसे कम पानी वाले पौधे कम पानी में ही पनपते हैं. जलवायु परिवर्तन के दौर में ऐसी जल-कुशल फसलों का चुनाव ही बुद्धिमानी है. ये पौधे न सिर्फ कम पानी में अच्छी पैदावार देते हैं, बल्कि मिट्टी के स्वास्थ्य को भी बनाए रखते हैं.

ज्वार का जयकार:

ज्वार भारत की कई सूखा-ग्रस्त ज़मीनों का हीरो है. कम पानी और कम उपजाऊ मिट्टी में भी ये फसल हंसता हुआ खड़ा रहता है. ज्वार की जड़ें गहरी होती हैं, जो मिट्टी की नमी को सोख लेती हैं और सूखे का सामना करती हैं. साथ ही, ज्वार की कई किस्में कम समय में पककर तैयार हो जाती हैं, जिससे किसान एक सीजन में दो फसल ले सकते हैं.

बाजरा का बाज़ीगर:

बाजरा भी कम पानी का योद्धा है. ये पौधा सिर्फ 40 से 50 मिलीमीटर वर्षा में भी हरा रहता है और अच्छी पैदावार देता है. बाजरा में पोषक तत्वों की भरमार होती है और ये ग्लूटेन-मुक्त भी है, जिससे ये स्वास्थ्य के प्रति जागरूक लोगों के लिए एक पसंदीदा विकल्प बन गया है. भारत में ही नहीं, दुनिया भर में बाजरा अपनी जल-कुशलता के लिए मशहूर हो रहा है.

मूंगफली का मधुर गीत:

मूंगफली एक तिलहनी फसल है, जो कम पानी में अच्छा उत्पादन देती है. इसकी जड़ें वायुमंडल से नाइट्रोजन भी ग्रहण करती हैं, जिससे मिट्टी की उर्वरता बढ़ती है. मूंगफली की कई किस्में कम समय में पककर तैयार हो जाती हैं, जिससे किसानों को जल्दी आय होती है. साथ ही, मूंगफली का तेल और खली दोनों ही बाजार में अच्छे दाम पर बिकते हैं.

अनार का अनमोल रस:

अनार का मीठा स्वाद सिर्फ लज़ीज नहीं, बल्कि कम पानी में पनपने की मिसाल भी है. अनार के पेड़ बिना सिंचाई के भी कई सालों तक जीवित रह सकते हैं और फल देते हैं. साथ ही, अनार का बाजार मूल्य अच्छा होता है, जिससे किसानों को अच्छा मुनाफा होता है. अनार के खेत न सिर्फ कम पानी लेते हैं, बल्कि मिट्टी के कटाव को रोकने में भी मदद करते हैं.

बदलते मौसम की लहर, टिकाऊ सिंचाई की नावः जलवायु अनुकूलन की तरंगें अपनाओ

पहाड़ों की चोटियों पर पिघलती बर्फ की कहानी सिर्फ नदियों का बयान नहीं सुनाती, ये भारत की खेती के भविष्य की भी आहट है. बदलता मौसम, अनियमित बारिश और बढ़ते तापमान एक नई चुनौती सामने लाते हैं - जलवायु अनुकूलन (Climate-Resilient Irrigation) की चुनौती. पर इस चुनौती के सामने घबराने की नहीं, बल्कि लहरों की ताल पर नए नृत्य सीखने की ज़रूरत है. जलवायु अनुकूलन की सिंचाई पद्धतियों को अपनाकर हम सूखे की तपती हवा को भी रोक सकते हैं और फसलों के चेहरे पर मुस्कान ला सकते हैं. आइए, देखें कैसे ये तकनीकें खेती का पतवार जलवायु के उफान पर मजबूती से चला रही हैं...

पानी का चक्र, बदलते मौसम का साथ:

पारंपरिक सिंचाई प्रणालियाँ अक्सर पानी के बेकार इस्तेमाल और भंडारण की कमी से जूझती थीं. जलवायु अनुकूलन का पहला कदम इस चक्र को बदलना है. बारिश के पानी का संचयन सबसे बड़ा हथियार है. छतों और खेतों पर बने कठौते, तालाब और भूमिगत जल संरक्षण तकनीकें बारिश की हर बूंद को सोख लेती हैं, जिससे सूखे के दिनों में खेत प्यासे नहीं रहते.

हर बूंद का हिसाब, सटीकता बचाएगी फसल:

कम पानी का इस्तेमाल करने वाली और पानी की मात्रा को सटीक ढंग से नियंत्रित करने वाली सिंचाई प्रणालियाँ जलवायु योद्धा बन रही हैं. ड्रिप सिंचाई और स्प्रिंकलर सिंचाई इनमें अग्रणी हैं. ये पद्धतियाँ सीधे पौधों की जड़ों के पास पानी पहुँचाती हैं, जिससे वाष्पीकरण कम होता है और हर बूंद का सदुपयोग होता है. स्मार्ट सेंसरों और कंप्यूटर तकनीक का इस्तेमाल कर ये प्रणालियाँ मौसम, मिट्टी की नमी और पौधों की ज़रूरत

के हिसाब से सिंचाई की मात्रा और समय तय करती हैं, पानी की बर्बादी रोकती हैं और फसलों को उनकी प्यास बुझाती हैं.

जैविक कृषि का जादू, मिट्टी का साथ:

जलवायु अनुकूलन सिर्फ पानी की बचत से नहीं होता, बल्कि मिट्टी के स्वास्थ्य की देखभाल भी ज़रूरी है. रासायनिक खाद और कीटनाशकों के इस्तेमाल से मिट्टी की संरचना कमजोर होती है और पानी सोखने की क्षमता घटती है. जैविक खेती का जादू इस कमजोर रिश्ते को मजबूत करता है. खाद, गोबर की खाद और हरी खाद से मिट्टी का पोषण बढ़ता है, पानी सोखने की क्षमता बढ़ती है और मिट्टी का तापमान नियंत्रित रहता है. इससे सूखे और बाढ़ दोनों का सामना करने की क्षमता बढ़ती है.

फसल चक्र का गीत, जलवायु का सुर:

हर साल एक ही फसल उगाना मिट्टी की उर्वरता कम करता है और जलवायु परिवर्तन का सामना करने की ताकत छीन लेता है. फसल चक्र का राग इस कमी को पूरा करता है. अलग-अलग फसलों को बारी-बारी से उगाने से मिट्टी को पोषण मिलता है, पानी का संतुलन बना रहता है और कीटों का नियंत्रण भी होता है. साथ ही, कुछ पौधे, जैसे ज्वार और बाजरा, सूखा-प्रतिरोधी होते हैं, जिन्हें अपनी फसल चक्र में शामिल करने से सूखे का जोखिम कम होता है.

Chapter 7: Empowering the Farmer - Cultivating a Network of Support

- Educating and Training Farmers: Building knowledge and skills for successful adoption

- Bridging the Digital Divide: Expanding access to technology and software

- Financial Incentives: Providing grants and subsidies to foster adoption

- Building the Ecosystem: Creating a network of precision agriculture services and support

Chapter 7: Empowering the Farmer - Cultivating a Network of Support

अध्याय 7: किसानों का सशक्तिकरण - सहायता का एक नेटवर्क विकसित करना

सीखो, कमाओ, बढ़ाओ: किसानों को ज्ञान और कौशल का उपहार, टिकाऊ खेती का आधार

भारत की धरती में सोना नहीं, अन्न उगता है. इस अन्न को सुनहरा बनाने का हुनर किसानों के हाथों में छिपा है. पर बदलते मौसम, जलवायु संकट और तकनीकी बदलावों के दौर में उन हाथों को नया हथियार थमाने की ज़रूरत है - शिक्षा और प्रशिक्षण का हथियार. जी हां, किसानों को शिक्षित और प्रशिक्षित करना ही टिकाऊ खेती का मजबूत स्तंभ है. आइए, देखें कैसे ज्ञान और कौशल का ये उपहार किसानों को सीखने, कमाने और बढ़ाने का रास्ता दिखा रहा है...

पढ़ाई का खेत, बढ़ई का खलिहानः

पारंपरिक खेती का ज्ञान अक्सर अनुभवों से मिलता था. बाप से बेटा सीखता, खेती का चक्र चलता रहता. पर अब इस चक्र में ज्ञान का वैज्ञानिक तड़का लगाने की ज़रूरत है. कृषि विज्ञान के कॉलेज, किसान स्कूल और प्रशिक्षण कार्यक्रम किसानों के लिए नया पाठशाला बन रहे हैं. इन मंचों पर टिकाऊ खेती के तरीके, मिट्टी सुधार, जल संरक्षण, कीट नियंत्रण और नवीनतम तकनीकों की जानकारी साझा होती है. ये स्कूल सिर्फ किताबों का ज्ञान नहीं देते, बल्कि खेतों में जाकर सीखने का मौका भी देते हैं. इससे किसानों को न सिर्फ जानकारी मिलती है, बल्कि उनके आत्मविश्वास में भी इज़ाफ़ा होता है.

डिजिटल गुरु, ज्ञान का झरना:

किताबें और कक्षाएं ज़रूरी हैं, पर तकनीक इन दीवारों को तोड़ कर ज्ञान का झरना बहा रही है. मोबाइल फोन, इंटरनेट और किसान-केंद्रित ऐप्लिकेशन अब खेतों तक पहुंच चुके हैं. किसान मौसम का पूर्वानुमान, बाजार के रुझानों, नई तकनीकों और सरकारी योजनाओं की जानकारी सीधे अपने फोन पर हासिल कर सकते हैं. कृषि विशेषज्ञों से ऑनलाइन परामर्श भी संभव हो गया है. इससे किसानों को समय पर सही निर्णय लेने और टिकाऊ खेती को अपनाने में मदद मिलती है.

साथ चलने का सफर, अनुभवों का आदान-प्रदान:

किसान अलग-अलग क्षेत्रों में अलग-अलग चुनौतियों का सामना करते हैं. ऐसे में अनुभवों का आदान-प्रदान ज्ञान का सबसे बड़ा खजाना बन जाता है. किसान गोष्ठी, क्षेत्रीय कार्यशालाएं और किसान उत्पादक संगठन (FPO) इस खजाने के दरवाजे खोलते हैं. इन मंचों पर किसान अपनी सफलताओं और असफलताओं को एक-दूसरे से साझा करते हैं, नई तकनीकों के बारे में बात करते हैं और स्थानीय चुनौतियों के लिए समाधान ढूंढते हैं. इससे सामुदायिक सीख का माहौल बनता है और टिकाऊ खेती का रास्ता सबके लिए आसान हो जाता है.

कौशल सीखो, कमाई बढ़ाओ:

ज्ञान सिर्फ सोचना नहीं, करना भी सिखाता है. किसानों के लिए कौशल विकास कार्यक्रम उन्हें नई तकनीकों को इस्तेमाल करने का हुनर सीखा रहे हैं. ड्रिप सिंचाई प्रणाली लगाना, मिट्टी परीक्षण करना, जैविक खाद बनाना और फसल कटाई के बाद प्रसंस्करण करना ऐसे ही कुछ कौशल हैं, जो किसानों की आय बढ़ाने में अहम भूमिका निभाते हैं. इन कार्यक्रमों से किसान न सिर्फ बेहतर खेती कर सकते हैं, बल्कि कृषि से जुड़े अन्य व्यवसायों के ज़रिए आय के नए रास्ते भी खोल सकते हैं.

डिजिटल खाई पाटो, किसानों को जोड़ो: तकनीक और सॉफ्टवेयर तक पहुंच का विस्तार

भारत की ज़मीन सोना उगलाती है, पर तकनीक का सोना अब खेतों तक पहुंचने की राह खोज रहा है. डिजिटल क्रांति का दौर चल रहा है, लेकिन इस क्रांति में किसानों को शामिल करना ज़रूरी है. डिजिटल खाई को पाटना और तकनीक और सॉफ्टवेयर तक उनकी पहुंच का विस्तार करना ही टिकाऊ कृषि और किसानों के सशक्तीकरण का मजबूत रास्ता है. आइए, देखें कैसे ये कदम खेतों को डिजिटल युग से जोड़ रहे हैं...

मोबाइल का जादू, ज्ञान का झरना:

पहले किसानों के लिए जानकारी जुटाना मुश्किल होता था. अब उनके हाथों में मोबाइल फोन एक जादुई चिराग बन गया है. इंटरनेट और किसान-केंद्रित ऐप्लिकेशन की मदद से वे मौसम का पूर्वानुमान, बाजार के रुझानों, सरकारी योजनाओं और नई तकनीकों की जानकारी सीधे खेत में हासिल कर सकते हैं. ये ऐप मौसम आधारित सलाह, फसल रोगों की पहचान और समाधान, कीट नियंत्रण के तरीके और मंडी के भाव भी बताते हैं. इससे किसान समय पर सही निर्णय ले पाते हैं और फसल उत्पादन बढ़ा पाते हैं.

डिजिटल गुरु, खेत पर सलाह:

किताबें और कक्षाएं ज़रूरी हैं, लेकिन तकनीक अब खेतों तक सीधे पहुंच रही है. कृषि विशेषज्ञों से ऑनलाइन परामर्श अब संभव हो गया है. किसान ऐप या वेबसाइट के ज़रिए अपनी समस्या बताकर विशेषज्ञों से सलाह ले सकते हैं. ये विशेषज्ञ फसल चयन, मिट्टी परीक्षण, खाद और सिंचाई प्रबंधन जैसे मुद्दों पर मार्गदर्शन देते हैं. इससे किसानों को सही राय मिलती है और उनके खर्च भी कम होते हैं.

किसान मित्र सॉफ्टवेयर, खेत का हिसाब किताब:

डिजिटल खेती सिर्फ जानकारी ही नहीं देती, बल्कि खेत का हिसाब-किताब भी संभालती है. कई सॉफ्टवेयर किसानों को खर्च का रिकॉर्ड रखने, फसल उत्पादन का डेटा इकट्ठा करने, सिंचाई और खाद के इस्तेमाल का विश्लेषण करने और बाजार के रुझानों को समझने में मदद करते हैं. इससे किसान अपनी खेती का बेहतर प्रबंधन कर सकते हैं, लागत कम कर सकते हैं और मुनाफा बढ़ा सकते हैं.

ई-मंडी का बाज़ार, घर बैठे बिक्री:

पहले किसानों को फसल बेचने के लिए दूर की मंडियों तक जाना पड़ता था. अब ई-मंडी का बाज़ार उनके दरवाजे तक आ चुका है. किसान ऑनलाइन प्लेटफॉर्म पर अपनी फसल की तस्वीरें और जानकारी डालकर सीधे खरीदारों से जुड़ सकते हैं. इससे बिचौलियों के बिना फसल का उचित दाम मिलता है और किसानों की आय बढ़ती है. साथ ही, ये प्लेटफॉर्म किसानों को देश के अलग-अलग हिस्सों से जुड़ने का मौका भी देते हैं.

कनेक्टिविटी का पुल, सूचना का प्रवाह:

डिजिटल क्रांति का फायदा उठाने के लिए गांवों में इंटरनेट कनेक्टिविटी का मजबूत होना ज़रूरी है. सरकार और निजी कंपनियां ऑप्टिकल फाइबर नेटवर्क और सस्ते स्मार्टफोन के ज़रिए इस पुल को मजबूत बना रही हैं. इससे गांवों तक सूचना का प्रवाह बढ़ रहा है और किसान डिजिटल दुनिया से जुड़ पा रहे हैं.

वित्तीय सहयोग, हौसला बढ़ाओ, खेती निखारो: अनुदान और सब्सिडी का सहारा, टिकाऊ कृषि की बयार

भारत की धरती सोना उगलाती है, पर किसानों के हाथों में उसी सोने की चमक लाने के लिए ज़रूरी है उनका साथ देना. टिकाऊ और आधुनिक कृषि की तरफ कदम बढ़ाने के लिए किसानों को प्रोत्साहित करना ज़रूरी है. ऐसे में वित्तीय सहयोग का दीप मार्गदर्शन करता है. अनुदान और सब्सिडी का सहारा किसानों को उम्मीद और हौसला देता है, उन्हें टिकाऊ खेती के रास्ते पर चलने के लिए प्रेरित करता है. आइए, देखें कैसे ये वित्तीय हथियार कृषि का भविष्य हरा-भरा कर रहे हैं...

अनुदान की बारिश, सूखे खेतों को सींचो:

टिकाऊ खेती की तकनीकें अक्सर महंगी होती हैं. कई किसानों के लिए इन तकनीकों को अपनाना मुश्किल होता है. ऐसे में सरकार किसानों को आर्थिक मदद देने के लिए अनुदान योजनाएं चलाती है. ड्रिप सिंचाई प्रणालियों, सोलर पंपों, जैविक खाद बनाने वाली यूनिटों और कृषि मशीनों पर सब्सिडी मिलती है. इससे कम लागत में बेहतर तकनीक का इस्तेमाल संभव होता है और किसानों का मुनाफा बढ़ता है. उदाहरण के लिए, भारत सरकार की प्रधानमंत्री कृषि सिंचाई योजना किसानों को ड्रिप सिंचाई प्रणाली लगाने के लिए 50% तक सब्सिडी देती है. इससे पानी की बचत के साथ-साथ फसल का उत्पादन भी बढ़ता है.

ऋण का सहारा, नया सवेरा:

कई किसानों के पास फसल लगाने या नई तकनीक अपनाने के लिए पर्याप्ति पूंजी नहीं होती. ऐसे में सरकार और बैंक रियायती ब्याज दरों पर कृषि ऋण उपलब्ध कराते हैं. इससे किसान अपने कृषि कार्यों के लिए जरूरी पैसा आसानी से जुटा सकते हैं और फसल उत्पादन के साथ-साथ अपनी आय भी बढ़ा सकते हैं. साथ ही, सरकार फसल बीमा जैसी

योजनाएं भी चलाती है, जो फसल नुकसान होने पर किसानों को आर्थिक मदद देती हैं. इससे खेती का जोखिम कम होता है और किसान बड़े जोखिम उठाकर टिकाऊ खेती की तरफ कदम बढ़ाने के लिए प्रोत्साहित होते हैं.

मार्केट लिंकेज का बाज़ार, मुनाफे का उजाला:

टिकाऊ खेती सिर्फ फसल उगाने तक सीमित नहीं है, बल्कि उसे बेचना भी ज़रूरी है. कई किसानों को उचित बाजार न मिलने या बिचौलियों के कारण नुकसान उठाना पड़ता है. ऐसे में सरकार किसानों को मंडियों से जोड़ने और उनके लिए सीधे खरीदार तलाशने में मदद कर रही है. ई-मंडी प्लेटफॉर्म का निर्माण इसी दिशा में एक बड़ा कदम है. इससे किसानों को उनकी फसल का उचित दाम मिलता है और उनके मुनाफे में वृद्धि होती है. साथ ही, ये प्लेटफॉर्म किसानों को जैविक और अन्य मूल्य-संवर्धित उत्पादों के बाजार से भी जोड़ते हैं, जिससे उनकी आय का दायरा और बढ़ता है.

कौशल विकास का निवेश, भविष्य का हिसाब:

टिकाऊ खेती सिर्फ तकनीक नहीं, बल्कि कौशल का खेल भी है. किसानों को नई तकनीकों को सीखने और अपनाने के लिए प्रशिक्षण देना ज़रूरी है.

सटीक खेती का जाल, सहयोग का बयार: टिकाऊ कृषि की नींव, सेवाओं और सहारे का गठजोड़

भारत की ज़मीन अन्न उगाती है, पर अन्नदाता के हाथ उसी अन्न की खुशबू से महकें, इस सपने को सच करने के लिए ज़रूरी है कृषि का रूप बदलना. पर यह बदलाव अकेले नहीं आएगा, इसकी ज़रूरत है सटीक खेती के एक मजबूत पारिस्थितिक तंत्र की, जहां सेवाओं का जाल किसानों को सहारा दे, उनके कदम टिकाऊ खेती की राह पर मजबूत करे. आइए, देखें कैसे यह जाल बुना जा रहा है और खेती का भविष्य हरा-भरा कर रहा है...

डेटा का दीप, सटीकता का रास्ता:

पारंपरिक खेती में अनुमान का खेल चलता था, पर सटीक खेती इस खेल को बदल रही है. अब खेतों का हर छोटा बड़ा डेटा, मिट्टी की नमी से लेकर मौसम के बदलाव तक, इकट्ठा किया जा रहा है. सेंसर, ड्रोन और स्मार्ट तकनीक इस डेटा को जुटा रहे हैं, जिससे फसलों की ज़रूरतों को सटीक ढंग से समझा जा सकता है. इससे पानी, खाद और कीटनाशकों का इस्तेमाल सिर्फ जरूरत के हिसाब से हो सकता है, न तो कम, न ज्यादा. ये सटीकता न सिर्फ संसाधनों की बचत करती है, बल्कि फसलों के स्वास्थ्य को भी बेहतर बनाती है.

विश्लेषण का चश्मा, सही निर्णय का आधार:

डेटा इकट्ठा करना काफी नहीं, उसे समझना और उस पर आधारित सही निर्णय लेना ही सफलता का सूत्र है. कृषि विशेषज्ञ और एआई-पावर्ड एनालिटिक्स टूल ये डेटा का विश्लेषण करते हैं. वे खेत की परिस्थितियों, फसल की ज़रूरतों और बाजार के रुझानों को ध्यान में रखते हुए सिंचाई, खाद, कीट नियंत्रण और फसल चक्र से जुड़े बेहतर सुझाव देते हैं. ये

सुझाव किसानों को समय पर सही निर्णय लेने में मदद करते हैं, जिससे फसल उत्पादन बढ़ता है और लागत कम होती है.

सेवाओं का जाल, हर कदम पर साथ:

सटीक खेती किसी एक कंपनी या तकनीक का खेल नहीं, बल्कि एक व्यापक पारिस्थितिक तंत्र की ज़रूरत है. इस जाल में विभिन्न सेवाएं किसानों का साथ देती हैं:

- डेटा इकट्ठा करने वाली कंपनियां: सेंसर, ड्रोन और अन्य तकनीक मुहैया कराती हैं.
- एनालिटिक्स कंपनियां: डेटा का विश्लेषण करती हैं और सिफारिशें देती हैं.
- कृषि मशीन निर्माता: सटीक खेती से जुड़े औजार और मशीन बनाते हैं.
- वित्तीय संस्थान: किसानों को लोन और अनुदान देते हैं.
- कृषि विज्ञान संस्थान: प्रशिक्षण और अनुसंधान करते हैं.
- किसान संगठन: ज्ञान और अनुभवों का आदान-प्रदान कराते हैं.

इस जाल का मजबूत होना ज़रूरी है, तभी तक सेवाएं किसानों तक बिना किसी रूकावट के पहुंचेंगी और सटीक खेती का लाभ सबको मिलेगा.

सरकार का साथ, सहयोग का ज़ोर:

सरकार इस पारिस्थितिक तंत्र के निर्माण में अहम भूमिका निभा रही है. वह डिजिटल बुनियादी ढांचे को मजबूत कर रही है, किसानों को सब्सिडी और अनुदान दे रही है, कृषि विज्ञान अनुसंधान को बढ़ावा दे रही है और विभिन्न सेवाओं के बीच समन्वय स्थापित कर रही है. उदाहरण के लिए, प्रधानमंत्री कृषि सिंचाई योजना किसानों को ड्रिप सिंचाई प्रणाली लगाने में

आर्थिक मदद देती है, जिससे सटीक खेती को अपनाने को प्रोत्साहन मिलता है.